Frank Schleder
Stirlingmotoren

Dipl.-Ing. (FH) Frank Schleder

Stirlingmotoren

Thermodynamische Grundlagen
Kreisprozessrechnung und
Niedertemperaturmotoren

2., aktualisierte und erweiterte Auflage

Vogel Buchverlag

Dipl. Ing. (FH) **FRANK SCHLEDER**
Jahrgang 1969
1985 – 1989 Berufsausbildung zum Radio- und Fernsehtechniker
1989 – 1990 Fachabitur
1991 – 1997 Studium der Elektrotechnik mit Schwerpunkt Energietechnik
1997 Teilnahme an dem europäischen Weiterbildungsstudium ARENEE:
"Ökologischer und ökonomischer Energieeinsatz"
Seit 1998 Assistent im Fachbereich Maschinenbau
der Fachhochschule Trier

Weitere Informationen unter www.vogel-buchverlag.de

ISBN 3-8023-1990-7
2. Auflage. 2004

Printed in Germany

Umschlaggrafik: Schnittzeichnung des Stirlingmotors ST 05 G aus dem Zeichnungssatz – Der Stirlingmotor ST 05 G, Gammatyp 0,3 - 0,5 kW, 3. überarbeitete Ausgabe von Dieter Viebach – mit freundlicher Genehmigung entnommen.
Satz: Reproduktionsfertige Vorlagen des Autors

Vorwort

Der Stirlingmotor ist eine der ältesten Wärmekraftmaschinen – er wurde vor Otto- und Dieselmotor erfunden – und er erlebt, nachdem er fast in Vergessenheit geraten war, heute eine Renaissance. Seine besonderen Eigenschaften machen ihn zu einer wichtigen Maschine für die Nutzung regenerativer Energien. Er kann so einen Beitrag zur Sicherung unserer Existenzgrundlagen leisten.

Darüber hinaus geht eine besondere Faszination für mich – wie auch für viele andere, die den Stirlingmotor kennen gelernt haben – von der Einfachheit dieser Maschine aus. So kommt die Stirlingmaschine völlig ohne Ventile und dem damit verbundenen aufwendigen Ventiltrieb aus.

Die mathematische Beschreibung des realen Stirlingprozesses ist dennoch äußerst komplex und wird häufig aufgrund des einfachen Aufbaus der Maschine unterschätzt.

Mit diesem Buch möchte ich all denen, die sich näher mit dieser Maschine beschäftigen wollen, einen kurzen Überblick zum Stand der Technik geben, vor allem aber den Einstieg in elementare thermodynamische Berechnungsmethoden ermöglichen. Ein Schwerpunkt des Buches liegt auf der Darstellung eines Modells zur Kreisprozessrechnung und den daraus ableitbaren qualitativen und quantitativen Aussagen.

Ohne die Mithilfe vieler Personen in meinem Umfeld hätte dieses Buch nie entstehen können, und so möchte ich mich bei allen bedanken, die mir dabei zur Seite standen.

Dies sind u. a. die Firmen Solo Kleinmotoren Sindelfingen, Weber Solartechnik Nürnberg, die Aerzener Maschinenfabrik und Herr Dieter Viebach, Kolbermoor, die mir freundlicherweise Bild- und Informationsmaterial zur Verfügung gestellt haben.

Besonders erwähnen möchte ich Herrn Hans Hostert und Herrn Dipl.-Ing. Andreas Weißgerber, ohne deren Rat und Tat die beschriebene Versuchsmaschine nie auch nur eine einzige Umdrehung aus eigener Kraft gemacht hätte.

Herrn Dipl.-Ing. Mario Pleimling möchte ich für die zahlreichen Anregungen, Korrekturen und Ergänzungen danken wie auch meiner Lebensgefährtin Pia Etteldorf, die während der Zeit der Skripterstellung auf nicht wenig verzichten musste.

Dem Verlag danke ich für die stete freundliche Unterstützung und die hervorhebenswert korrekte und offene Zusammenarbeit.

Irrel Frank Schleder

Vorwort zur zweiten Auflage

„Einfachheit verlangt
nach japanischer Auffassung
sehr viel Arbeit.
Kompliziert sein ist einfach.“
[CARLOS GHOSN, Nissan-Chef]

Erfreulicherweise ist die erste Auflage auf ein großes Interesse der Leserschaft gestoßen, so dass eine zweite Auflage möglich wurde und das Buch um einige Themenbereiche erweitert werden konnte. Mit dem neuen Kapitel zum Regenerator soll diesem wichtigen Bauteil verstärkt Rechnung getragen werden. Aber auch die Beschreibung realer Maschinen und Anwendungen konnte um etliche Details erweitert werden.

Die Aktivitäten von Firmen, Instituten und Hochschulen zum Stirlingmotor hat erfreulich zugenommen, was hoffen lässt, dass diese – in ihrem Aufbau so *einfache* und dennoch anspruchsvolle – Technik bald einen nennenswerten Beitrag zu einer ökologischen und sozialverträglichen Energieversorgung leisten kann.

Mein Dank gilt allen, die dieses Buch unterstützt haben, besonders aber meiner Lebensgefährtin Pia Etteldorf, die die Skriptarbeiten mitgetragen und gestützt hat, dem Verlag für die freundliche und kompetente Zusammenarbeit und der Firma Solo, Sindelfingen, die mir Bildmaterial zur Verfügung gestellt hat.

Irrel

Frank Schleder

Inhaltsverzeichnis

Einleitung

Im Zeitalter unübersehbarer Umweltschäden, die auf die intensive Nutzung fossiler Energieträger zurückzuführen sind, ist die Suche nach umwelt- und sozialverträglicheren Energieträgern zwingend notwendig. Hier stellen die regenerativen Energien die einzig nachhaltige Alternative dar.

Doch auch bei der weiteren Nutzung fossiler Energieträger in einer Übergangszeit bis zur konsequenten Nutzung regenerativer Energieträger können Effizienz gesteigert und Emissionen gesenkt werden. Eine wichtige Technologie stellt die Kraft-Wärme-Kopplung dar. Jeder Wärmekraftprozess (Dampfkraft-, Gasturbinen-Prozess, Otto-, Diesel- und Stirlingmotor) kann, physikalisch bedingt, nur einen Teil der eingesetzten Wärme in mechanische und so in elektrische Energie umwandeln. Abwärme fällt zwangsläufig an. Mit der Kraft-Wärme-Kopplung wird diese ebenfalls genutzt, und die Gesamtwirkungsgrade können so drastisch erhöht werden. Diese Nutzung der Abwärme ist prinzipiell auch bei Großkraftwerken möglich und wird auch in Form von so genannter Fernwärme realisiert; da Wärme aber – entgegen elektrischer Energie – weit weniger gut über größere Strecken transportiert werden kann, ist die Kraft-Wärme-Kopplung erst in Verbindung mit dezentralen Kraftwerken kleiner Leistung ideal.

Sowohl zur Nutzung verschiedener regenerativer Energieträger, wie der solaren Strahlung und der Biomasse, als auch zur effizienten Verwertung fossiler Energieträger mittels Kraft-Wärme-Kopplung eignet sich der Stirlingmotor ausgezeichnet. Auch industrielle Abwärme lässt sich mittels Stirlingmotor in mechanische bzw. elektrische Energie verwandeln.

Auf der Basis von Dampfkraftprozessen mit Wasser oder auch organischen Fluiden (ORC) existieren Technologien, die ebenfalls Biomasse, geothermische oder solare Wärme in Strom verwandeln können. Zum Beispiel bietet die Firma Spilling [39] schon seit langem Biomasse-Kraft-Wärme-Kopplungsanlagen auf Basis von Kolbendampfmotoren für Leistungen zwischen 25 kW und 1500 kW je Motor an. Doch all diese Anlagen eignen sich nicht für kleinste Leistungseinheiten von nur einigen kW oder gar darunter. Hier eignet sich der Stirlingmotor technisch sehr gut. In den letzten Jahren haben sich zahlreiche Firmen und Forschungseinrichtungen der Weiterentwicklung des Stirlingmotors angenommen und beachtliche Ergebnisse erzielt.

Neben anderen hat die Firma Solo Stirling GmbH, Sindelfingen [37], ein Blockheizkraftwerk auf Basis eines Stirlingmotors entwickelt. Die elektrische Leistung liegt bei 2 bis 9 kW (Näheres siehe Abschnitt 5.1.1).

Bild E.1 Solo-BHKW-Modul mit Stirlingmotor [37]

Die Anlage verwendet Gas als Brennstoff. Mit der gleichen Maschine laufen jedoch auch Entwicklungen für den Betrieb an einer Festbrennstoff-Feuerung. Ebenso arbeitet der Stirlingmotor Solo 161 mit entsprechend angepassten Wärmetauschern, solar beheizt, auf der Plataforma Solar de Almeria (PSA), einem Solarversuchsfeld in Südspanien.

Eine so genannte Dish-Stirlingeinheit nutzt konzentrierte solare Strahlung zum Betrieb des Stirlingmotors. Die Konzentration solarer Strahlung ermöglicht sehr hohe Temperaturen von 800 °C [19] oder unter Verwendung keramischer Werkstoffe sogar bis zu 1200 °C [9]. Wärme auf derart hohem Temperaturniveau eignet sich sehr gut für den Betrieb von Wärmekraftmaschinen (siehe Kapitel 1).

Eine Sonderform von Stirlingmaschinen, die so genannten Niedertemperatur-Stirlingmotoren, arbeiten auch noch mit extrem kleinen Temperaturdifferenzen. Werden sie ebenfalls solar beheizt, können sie ihre Wärme auch aus einfachen Flachkollektoren beziehen. Diese erreichen zwar nur niedrige Temperaturniveaus in der Größenordnung von 100 °C [22], sind aber sehr einfach aufgebaut, können auch diffuse Solarstrahlung, wie man sie bei bedecktem Himmel vorfindet, noch nutzen und brauchen keine aufwendige Nachführung. Ob eine derartige Anlage für Industrieländer sinnvoll ist, ist äußerst fraglich, da die Leistungsdichten dieser Maschinen sehr gering sind. Für Dritte-Welt-Länder erscheint diese Technik, besonders aufgrund ihrer Einfachheit, sehr gut mit der dortigen Infrastruktur vereinbar zu sein.

Das vorliegende Buch behandelt die allgemeinen Grundlagen der Stirlingmaschinentechnik, erläutert die Besonderheiten von Niedertemperatur-Stirlingmotoren und zeigt typische Anwendungen wie Solarkraftwerke und die Kraft-Wärme-Kopplung mit niedrigsten Abgasemissionen anhand realer Maschinen auf.

Eine Alternative zur Stirlingtechnik im Bereich größere Leistungseinheiten, die Organic-Rankine-Cycle-Technik, wird eingangs kurz erläutert.

1 Wärmekraftmaschinen für niedrige Temperaturen und regenerative Energien

Für den Betrieb einer Wärmekraftmaschine ist das Temperaturniveau der zu- und abgeführten Wärme keineswegs gleichgültig. So zeigt schon der Carnotprozess, der den bestmöglichen Wirkungsgrad für ein gegebenes Temperaturfenster besitzt, dass der Wirkungsgrad η mit fallender oberer Prozesstemperatur fällt.

$$\eta_{Carnot} = 1 - \frac{T_u}{T_o}$$

So liegt sein Wert für 100 °C oberer Prozesstemperatur und 25 °C Umgebungstemperatur als untere Prozesstemperatur nur noch bei 20%. Nun ist aber dieser theoretische Prozess praktisch nicht umsetzbar, so dass reale Wirkungsgrade nochmals deutlich darunter liegen und bei diesem Temperaturfenster nicht wesentlich höher als 5% sein dürften.

An dieser Stelle lohnt es sich, einige grundsätzliche Gedanken zur Bedeutung des Wirkungsgrads einer Anlage zu machen.

Er ist als das Verhältnis der abgegebenen Nutzarbeit zur zugeführten Wärme definiert. Für die Nutzung fossiler Brennstoffe war und ist diese Kenngröße einer Energieanlage somit von zentraler Bedeutung, da der Brennstoff eingekauft werden muss, während die abgegebene Leistung, z. B. elektrischer Strom, entsprechend vergütet wird. Der Wirkungsgrad bestimmt somit neben der energetischen auch die finanzielle Effizienz der Anlage.

Darüber hinaus sind mit der Nutzung fossiler Energieträger auch zahlreiche Umweltbelastungen verbunden. Für eine gewünschte Ausgangsenergie nehmen diese Belastungen somit zu, wenn der Wirkungsgrad der Anlage sinkt und so mehr Brennstoff und Abgase umgesetzt werden müssen, um die gleiche Ausgangsenergie zu erzeugen.
Nutzt eine Energieanlage aber regenerative Energieträger wie z. B. solare Strahlung, ist der „Brennstoff" kostenlos und umweltneutral. Kosten und Umweltbelastungen entstehen dann (bis auf die Wartung und Entsorgung der Anlage) nur noch durch den Bau der Anlage, nicht durch deren Betrieb. Der Wirkungsgrad erhält eine etwas andere Bedeutung. Eine solche Anlage sollte somit *bezogen auf deren Investitionskosten* eine möglichst hohe Leistung haben. Das Ziel ist damit eine Leistungs- statt Wirkungsgradoptimierung der Anlage.

Der Wirkungsgrad verschiedener Anlagenkomponenten wie der Wärmekraftmaschine geht aber trotzdem in diese Leistungs-Kosten-Optimierung mit ein, da er die Größe und den Aufwand der vorgeschalteten Anlagenteile mitbestimmt. D. h., ist der Wirkungsgrad eines solar beheizten Stirlingmotors klein, so fallen vorgeschaltete Kollektor bzw. Spiegel und Absorber entsprechend groß aus, um am Ende die gleiche mechanische oder elektrische Leistung zu erhalten. Ein geringer Wirkungsgrad der Maschine erhöht so über die Kosten für z. B. Spiegel oder Brenner die Gesamt-Anlagenkosten und erschwert damit deren Rentabilität. Auf die Gesamtanlage bezogen bleibt das Ziel trotzdem die Optimierung der Leistung, bezogen auf die Investitionskosten.

Bezüglich der Thermodynamik ist noch eine andere Größe von großer Bedeutung, das so genannte *Arbeitsverhältnis* bzw. der *Mitteldruck* des Prozesses. Für einen Idealprozess ist dies bedeutungslos, nicht aber im Hinblick auf die Umsetzbarkeit des Idealprozesses in die Realität.

CERBE und HOFFMANN [7] haben das Arbeitsverhältnisses r_w wie folgt definiert:

$$r_W = \frac{W_{ab}}{W_t^-} \quad \text{mit} \quad W_t^- = \int V \cdot dp \qquad \text{für } V \cdot dp < 0$$

Statt des Bezugs auf die *technische* Arbeit erscheint alternativ eine Definition mit der Volumenänderungsarbeit ebenso sinnvoll:

$$r_W^* = \frac{W_{ab}}{W^-} \quad \text{mit} \quad W^- = -\int p \cdot dV \quad \text{für } -p \cdot dV < 0$$

W_{ab} vom Gesamtzyklus netto abgegebene Arbeit (indizierte Arbeit oder Fläche in der p-V-Schleife)

W^- während eines Teilzyklus brutto abgegebene Arbeit (oft gleich der Expansionsarbeit)

W^+ während eines Teilzyklus brutto aufgenommene Arbeit

[7]

Zur Erläuterung:

$$W_{ab} = W^+ + W^-$$

Das Arbeitsverhältnis r_w bewertet den *idealen* Kreisprozess im Hinblick auf seine Umsetzbarkeit mit verlustbehafteten Maschinen oder Anlagen in einen *realen* Prozess. Es entspricht – vereinfacht ausgedrückt – dem Verhältnis von Netto-Arbeit zur umgesetzten Arbeit.

In jeder realen Maschine wie z. B. einer Turbine entstehen Verluste, die absolut um so höher sind, je höher die umgesetzte Leistung dieser Maschine ist. Ist nun die Arbeitsabgabe während eines Prozessabschnitts im Vergleich zur gesamten abgegebenen Arbeit sehr hoch, entstehen in diesem Prozessabschnitt proportional hohe Verluste, die die Nutzarbeit entsprechend stark reduzieren. Ist die Netto-Arbeit (indizierte Arbeit) klein, schlagen die Verluste stark zu Buche. Dies ist ein Grund dafür, dass der als Idealprozess so gute Carnotprozess in der Praxis so schwer anzunähern ist.

Ist das Arbeitsverhältnis eines Prozesses hoch, so kann man sich Maschinen mit schlechterem Wirkungsgrad leisten.

Niedertemperatur-Stirlingmotoren zeichnen sich im Allgemeinen durch ein sehr hohes Arbeitsverhältnis aus. Dies erkennt man im p-V-Diagramm dieser Maschinen daran, dass fast auf dem ganzen Zyklus Arbeit nach außen abgegeben wird. Ein hohes Arbeitsverhältnis ist notwendige Bedingung, um bei den oft extrem niedrigen oberen Prozesstemperaturen dieser Motoren überhaupt noch arbeiten zu können, da bei diesen Temperaturen die indizierten Arbeiten bereits recht klein gegenüber den Reibarbeiten der Maschine sind.

Eine etwas andere, aber von der Grundaussage ähnliche Größe ist der *indizierte Mitteldruck.* Er ist definiert als abgegebene Arbeit, bezogen auf die ΔV-Linie im p-V-Diagramm.

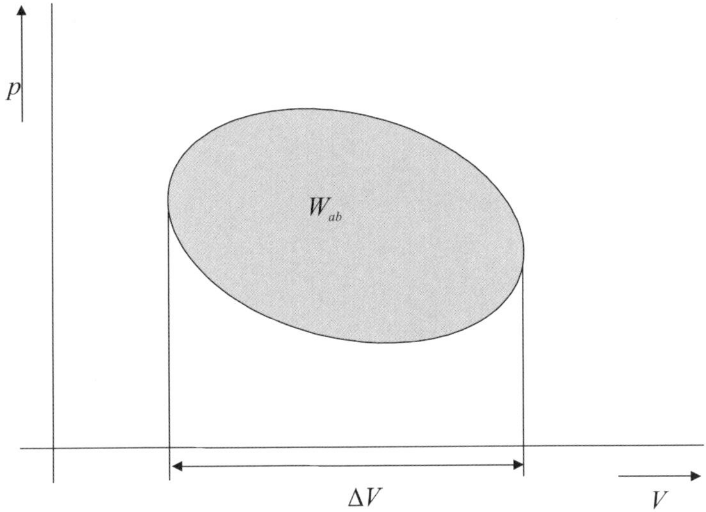

Bild 1.1 Definition des indizierten Mitteldrucks

$$p_{mi} = \frac{W_{ab}}{\Delta V}$$

Die Namensgebung indizierter Mitteldruck ist ein wenig irreführend. Der Begriff Mitteldruck suggeriert den *arithmetischen* Mittelwert des Drucks über einem Zyklus. Dieser errechnet sich aus dem Integral des Innendrucks *über dem Kurbelwinkel*, während die Arbeit als Integral *über dem Volumen* berechnet wird. Der Kurbelwinkel ist aber für einen Zyklus eine *stetig anwachsende* Größe, während sich das Volumen *zyklisch* ändert und am Ende des Zyklus wieder zum Anfangsvolumen zurückfindet.

$$p_{mi} = \frac{\oint\limits_{Zyklus} p\,dV}{\Delta V} = \frac{W_{ab}}{\Delta V}$$

statt :

$$p_m = \frac{\int_0^{2\pi} p\,d\alpha}{2\pi}$$

Besser wäre es, den indizierten Mitteldruck als *Literarbeit* oder *Volumenarbeit* zu bezeichnen, da in der Definition des indizierten Mitteldrucks die Arbeit eines Zyklus auf das *Hubvolumen* bezogen wird.

Bitte beachten Sie, dass der in der Stirlingliteratur gebräuchliche und auch in diesem Buch verwendete, Mitteldruck p_m den *arithmetischen* Mitteldruck bezeichnet.

Der indizierte Mitteldruck ist eine im Verbrennungsmotorenbau übliche Größe. Das Arbeitsverhältnis findet dort keine Anwendung, es erscheint eher für Prozesse mit Strömungsmaschinen wie Gasturbinen und Dampfkraftprozesse als sinnvoll.

Tatsächlich sind die beiden Kenngrößen inhaltlich nicht exakt identisch. Bitte betrachten Sie dazu die beiden Prozesse in Bild 1.2.

Vergrößert sich das Totvolumen V_2 zu V_2^*, während die Prozessschleife erhalten bleibt, bedeutet dies ein sinkendes Arbeitsverhältnis r_w. Der indizierte Mitteldruck bleibt hingegen konstant.

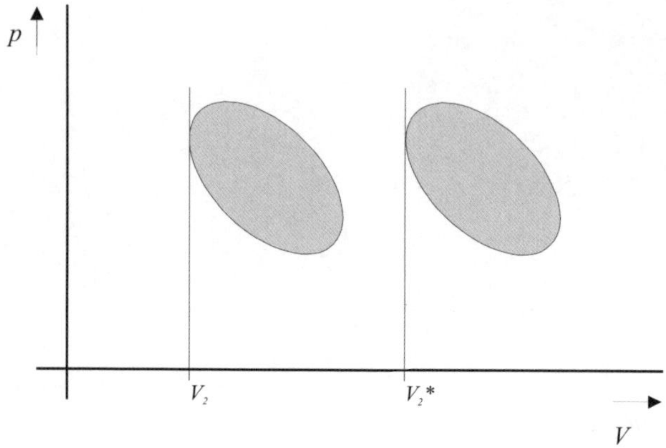

Bild 1.2 Prozesse gleichen indizierten Mitteldrucks

2 Stirlingmotor und Organic Rankine Cycle

Zur Nutzung von Wärme auf niedrigem Temperaturniveau wie auch generell zur dezentralen Nutzung von Solarenergie und Biomasse eignen sich prinzipiell sowohl Organic-Rankine-Cycle-Anlagen wie auch der Stirlingmotor. Es soll im Folgenden kurz vergleichend auf die Technik von Organic-Rankine-Cycle-Anlagen – kurz ORC-Anlagen – eingegangen werden.

2.1 Prozess und Aufbau von ORC-Anlagen

ORC-Anlagen sind konventionellen Dampfkraftanlagen sehr ähnlich. Sie benutzen aber statt Wasser ein Arbeitsfluid, dessen Verdampfungsverhalten für niedrigere Temperaturniveaus geeignet ist.

Grundsätzlich haben Dämpfe gegenüber idealen Gasen als Arbeitsfluid den wesentlichen Vorteil, dass mit der Änderung des Aggregatzustandes ein enormer Zuwachs des spezifischen Volumens verbunden ist. Hierdurch erhält man ein äußerst günstiges Arbeitsverhältnis, d. h., die Verdichtungsarbeit – hier die Arbeit der Kesselspeisepumpe – ist gegenüber der Expansionsarbeit bzw. der Nutzarbeit vernachlässigbar gering. Ein hohes Arbeitsverhältnis ist gerade für die Nutzung von Niedertemperaturwärme von großem Vorteil, da reale Wärmekraftprozesse in diesem Extrembereich sehr empfindlich auf Verluste in den einzelnen Anlagenkomponenten reagieren.

Ein solch hohes Arbeitsverhältnis, wie es Dampfkraftprozesse erreichen, ist mit einem idealen Gas kaum zu erlangen. Bitte vergleichen Sie hierzu die *p*-*v*-Diagramme eines konventionellen Dampfkraftprozesses mit dem des Jouleprozesses (der Jouleprozess wird im Allgemeinen als Vergleichsprozess für Gasturbinen herangezogen). Die Prozesse sind sich ähnlich, da sie beide aus zwei Isobaren und zwei Isentropen bestehen. Wichtigster Unterschied ist das Fluid: Dampf bzw. ideales Gas.

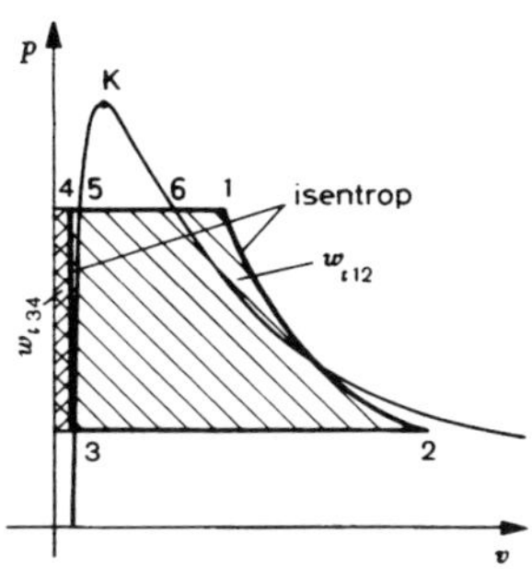

Bild 2.1 ***p*-*V*-Diagramm des Clausius-Rankine-Dampfkraftprozesses [7]**

Das *p-V-Diagramm* des Clausius-Rankine-Prozesses Bild 2.1 (= Vergleichsprozess für konventionelle Dampfkraftanlagen) zeigt, dass die abgegebene Arbeit *in* Bezug auf die Verdichterarbeit (Arbeit der Kesselspeisepumpe) w_{t34} sehr groß ist. Beim Jouleprozess hingegen ist die abgegebene Arbeit in Bezug auf die Verdichterarbeit weitaus kleiner, womit dieser Prozess viel empfindlicher auf niedrige Turbinen- oder Verdichterwirkungsgrade reagiert.

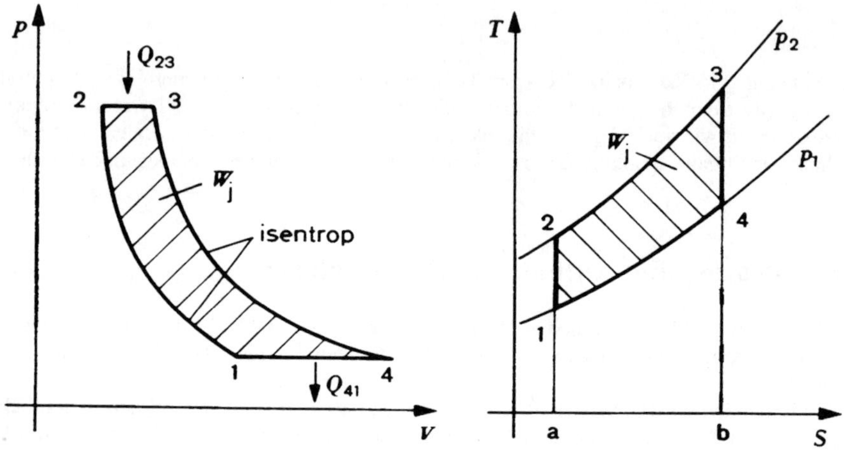

Bild 2.2 ***p-v-*** **und** ***T-S-*****Diagramm des Joule-Prozesses [7]**

Clausius-Rankine- wie auch ORC-Prozess sind somit relativ unempfindlich gegenüber Verlusten in den Maschinen der Anlage.

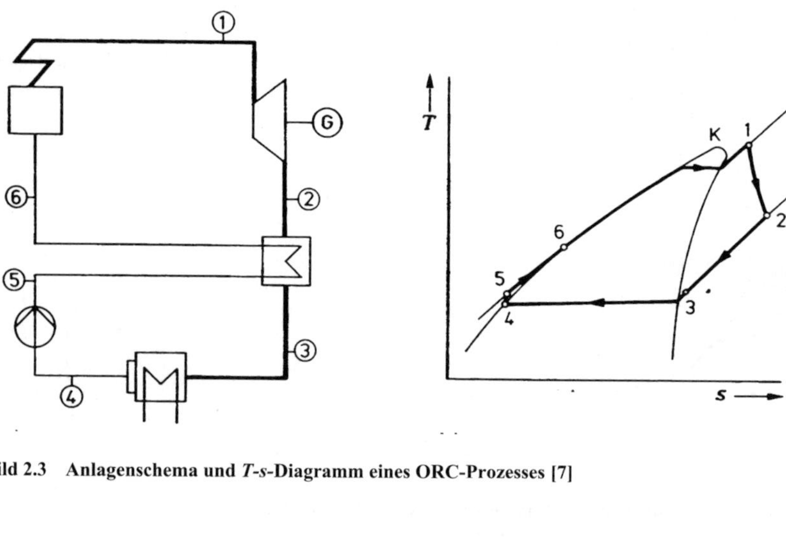

Bild 2.3 Anlagenschema und ***T-s-*****Diagramm eines ORC-Prozesses [7]**

Da die meisten organischen Arbeitsfluide eine überhängende Sättigungsdampflinie (im *T-S*-Diagramm der rechte Bereich) haben, erreicht man durch isentrope oder polytrope Expansion den Nassdampfbereich nicht. Die Expansion endet im noch überhitzten Gebiet auf Kondensationsdruck. Deshalb wird die Wärme, die man nach der Turbine dem Dampf noch entziehen kann, intern mittels Wärmetauscher auf den Frischdampf hinter der Kesselspeisepumpe übertragen und so der Gesamtwirkungsgrad erhöht.

Als Arbeitsfluide für ORC-Anlagen wurden lange Zeit die FCKW- und FKW-Kältemittel verwendet. Diese sind jedoch unter dem Aspekt ihres Ozonabbaupotenzials nicht mehr vertretbar und teilweise verboten worden.

Ein Arbeitsfluid sollte neben seiner thermodynamischen Eignung folgende Eigenschaften aufweisen:

- ungiftig,
- kein Global-Warming Potential (Bewertung der Wirkung auf den Treibhauseffekt),
- kein Ocon Depletion Potential (Bewertung der Zerstörungswirkung auf die Ozonschicht),
- nicht brennbar,
- langzeitstabil,
- nicht korrosiv.

Die Ersatzstoffe können aber meist auch nicht *alle* obigen Forderungen gleichzeitig erfüllen.

Für die Expansion des Arbeitsfluids finden neben Turbinen häufig Schraubenexpansionsmaschinen Verwendung. Turbinen scheiden für Leistungen im Bereich weniger kW aus, da deren Drehzahl mit fallender Baugröße steigt und so die Auskopplung mechanischer Arbeit nur über aufwendige Getriebe oder spezielle elektrische Generatoren möglich ist.

Schraubenexpansionsmaschinen sind den Schraubenverdichtern sehr ähnlich. Schraubenverdichter lassen sich durch Umkehrung der Dreh- und Strömungsrichtung – und geringfügigen Umbauten – als Expansionsmaschinen verwenden [16].

Ein Schrauben*verdichter* ist eine zwangsläufig fördernde, zweiwellige Drehkolbenmaschine, die nach dem Verdrängerprinzip arbeitet. Das Fördermedium wird während des Transports vom Ansaug- zum Druckstutzen bis auf den Enddruck komprimiert und anschließend in den Druckstutzen ausgeschoben.

Die Kammern werden durch die Zylinderwandungen und die ineinander greifenden Gänge der beiden verwundenen Rotoren gebildet.

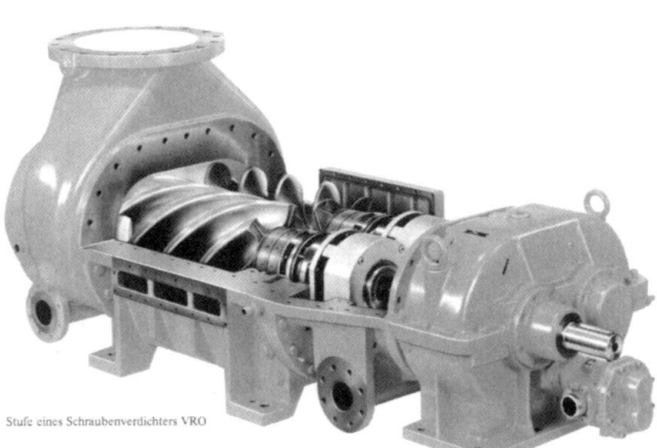

Bild 2.4 Stufe eines Schraubenverdichters Werkbild der Aerzener Maschinenfabrik GmbH [1]

Eine 300-kW_{el}-ORC-Anlage mit Holzfeuerung wurde in Bière, Schweiz, gebaut. Ebenso wurde 1999 in Admont, Österreich, eine ORC-Anlage mit 400 kW_{el} und einem elektrischen Wirkungsgrad von 14% in Betrieb genommen [10] [11].

Die Anlage in Admont arbeitet mit Silikonöl als Arbeitsfluid. Die Wärme der Feuerung wird zunächst über einen Thermoölkreislauf (Vorlauftemperatur 300 °C) auf den Verdampfer des ORC-Prozesses übertragen. Der Feuerungskessel kann somit drucklos betrieben werden. Der Dampf wird in einer Axialturbine entspannt. Offenbar war es bei dieser Leistung möglich, die Drehzahl der Turbine so klein zu halten, dass sie ohne Zwischengetriebe direkt mit dem Generator gekoppelt werden kann [11].

Die Vorteile des ORC für Biomasse-Feuerungen gegenüber konventionellen Dampfkraftprozessen mit Wasser als Arbeitsfluid sind:

- aufgrund des Wärmeträgers Thermoöl der drucklose Kesselbetrieb; ein Dampfkesselwärter ist damit nicht erforderlich, was die Personalkosten senkt; dies ist besonders für kleine dezentrale Anlagen von großem Gewicht,
- die Wasseraufbereitung entfällt.

Vergleicht man die ORC-Technologie mit der von Stirlingmotoren, so dürften sich die Anwendungsfelder – aus Sicht des Autors – recht gut anhand der Leistung abgrenzen lassen, wenngleich sich natürlich Überlappungen ergeben. So dürfte die ORC-Technik erst ab Leistungseinheiten mehrstelliger kW-Zahlen sinnvoll sein. Für einige kW bis hinab in die Größenordnung einiger 10 Watt dürfte der Stirlingmotor seinen Platz haben.

2.2 Vorzüge von Stirlingmaschinen und typische Einsatzfelder

Die wichtigsten Eigenschaften des Stirlingmotors sind:

- die äußere Wärmezufuhr;
  - und damit die Möglichkeit zum Betrieb mit Biomasse-Feuerung (CO_2-neutral) oder Solarwärme (siehe Einleitung und Kapitel 1),
  - sie ermöglicht beim Betrieb mit fossilen Brennstoffen aufgrund der stationären Verbrennung eine bessere Abgasqualität als mit Otto- und Dieselmotoren,
- sein geräuscharmer Lauf; dies fasziniert nahezu jeden, der einmal eine solche Maschine im Einsatz gehört und vorher nur Otto- und Dieselmotoren gekannt hat; aufgrund seines geräuscharmen Laufs wird der Stirlingmotor zum Antrieb von Unterseebooten verwendet; in diesem Bereich hat der Stirlingmotor Marktreife erlangt und wird von der schwedischen Firma Kockums Submarine Systems in U-Boote eingebaut und weltweit vertrieben [40],
- die Eignung für kleine Leistungseinheiten; damit kann er zur Dezentralisierung der Elektrizitätsversorgung durch Blockheizkraftwerke (BHKW) und Solargeneratoren beitragen; die Möglichkeit zur Abwärmenutzung bei den BHKW ist ökologisch vorteilhaft und aus Sicht des Autors dürfte die Dezentralisierung der Elektrizitätsversorgung am Arbeitsmarkt positive Konsequenzen haben; viele kleine Anlagen dürften mehr Arbeitsplätze sichern als wenige sehr große; die damit verbundenen höheren Kosten könnten evtl. durch eine bessere Gesamteffizienz gegenüber getrennter Erzeugung von Kraft (Elektrizität) und Wärme sowie durch geringere externe Kosten der Energieerzeugung kompensiert werden (werden solche kleinen BHKW in Ein- oder Mehrfamilienhäusern, kleinen Gewerbe- oder

Landwirtschaftsbetrieben eingesetzt, sind Leistungseinheiten im Bereich von 1 bis mehrere 10 kW interessant),

- aufgrund seiner Thermodynamik die Fähigkeit, auch sehr kleine Temperaturgefälle noch zu nutzen; damit ermöglicht er die Verwertung von Niedertemperatur-Abwärme bzw. den Betrieb mit unkonzentrierter Solarstrahlung,
- sein einfacher Aufbau, besonders bei Niedertemperaturmaschinen; er verspricht einen erfolgreichen Einsatz in Entwicklungsländern mit geringer Infrastruktur; dort können sogar sehr kleine Leistungen, unterhalb von 1 kW z. B. zur Trinkwasserförderung, interessant sein (siehe Abschnitt 5.3.4).

Als Kältemaschine hat die Stirlingmaschine zur Kühlung von Infrarotsensoren in Thermokameras zum Serieneinsatz gefunden [40].

Das schlechte Leistungsgewicht von Stirlingmaschinen tritt beim erwähnten Einsatz in Kraft-Wärme-Kopplungsanlagen kaum negativ in Erscheinung.

3 Der Stirlingprozess

3.1 Prinzip

Anhand des Bewegungsablaufes in der Maschine erhält man eine anschauliche Vorstellung dieses Prozesses.

Bild 3.1 zeigt den schematisierten Aufbau einer Stirlingmaschine mit den Kolben in den vier signifikanten Punkten des Zyklus.

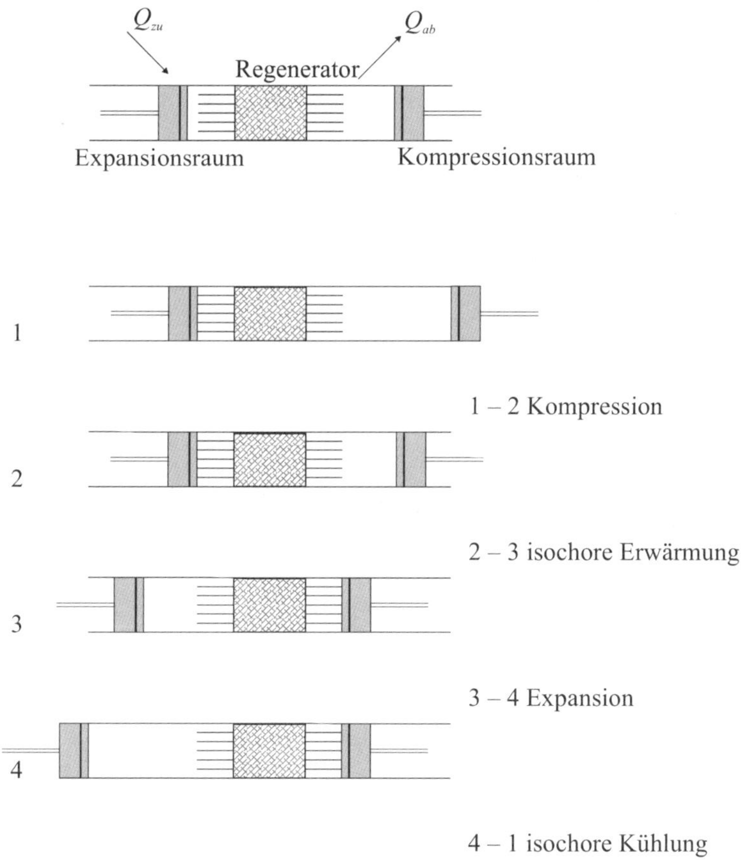

Bild 3.1 Arbeitsprinzip des Stirlingprozesses

Grundlage ist für den Stirling- wie auch für Otto- und Dieselmotor, kaltes Gas zu komprimieren und heißes Gas zu expandieren. Der Arbeitsaufwand ist dann für die Kompression kleiner als der Arbeitsgewinn bei der Expansion. Die Maschine wandelt unterm Strich Wärme in Arbeit um.

- Von 1 nach 2 – isotherme Verdichtung: Der Expansionskolben bleibt stehen, während der Kompressionskolben das *kalte* Arbeitsgas isotherm verdichtet. Die Verdichtungswärme wird über die Kompressionsraumwand abgeführt. Die Kompressionsarbeit bleibt klein, da die Gastemperatur niedrig ist.
- Von 2 nach 3 – isochore Erwärmung: Beide Kolben bewegen sich und schieben so das Arbeitsgas durch den sog. Regenerator. Aus diesem tritt es dann, auf Expansionstemperatur erwärmt, in den Expansionsraum aus. Der Druck ist entsprechend der Erwärmung gestiegen. Der Regenerator ist Wärmetauscher und Wärmespeicher in einem.
- Von 3 nach 4 – isotherme Expansion: Nun bleibt der Kompressionskolben stehen, während der Expansionskolben das *heiße* Gas isotherm entspannt. Die Entspannungswärme wird über die Expansionsraumwand zugeführt. Die Expansionsarbeit ist hoch, da nun die Gastemperatur hoch ist.
- Von 4 nach 1 – isochore Abkühlung: Nun werden wieder beide Kolben verschoben. Das Gas wird in umgekehrter Richtung durch den Regenerator geschoben und tritt, auf Kompressionstemperatur gekühlt, aus diesem aus. Der Regenerator nimmt bei dieser Zustandsänderung die Wärme auf, die er für die Zustandsänderung von 2 nach 3 wieder abgibt.

Aus dem Bewegungsablauf der Maschine erkennt man, dass Kompression wie auch Expansion des Arbeitsgases stets nur in demselben Raum stattfinden, so dass man diesen Räumen auch die Namen Kompressions- und Expansionsraum gegeben hat.

Bild 3.2 zeigt den Prozess im *p*-*V*-Diagramm:

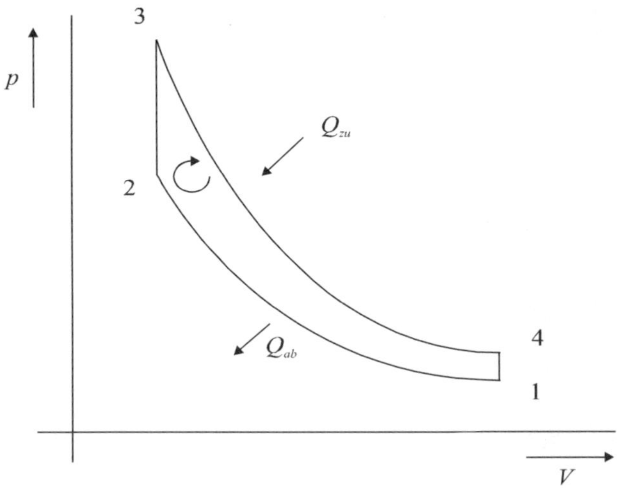

Bild 3.2 ***p*-*V*-Diagramm des idealen Stirling-Prozesses**

Der Regenerator muss zwecks Wärmeaustausch eine möglichst große Oberfläche besitzen und besteht meist aus einem Drahtgeflecht.

Bild 3.3 und Bild 3.4 zeigen Stahlwolle bzw. Drahtsiebe als typische Regeneratormaterialien.

Bild 3.3 Drahtsiebe als Regeneratormaterial

Bei der Verwendung von Drahtsieben werden viele Lagen dieser Siebe übereinander geschichtet.

Bild 3.4 Stahlwolle als Regeneratormaterial

Im T-S-Diagramm entspricht stets die Fläche unter einer Kurve der ausgetauschten Wärme, und so lässt das T-S-Diagramm der Stirlingmaschine erkennen, dass Q_{23} und Q_{41} betragsgleich sind. Sie lassen sich also im Regenerator zwischenspeichern. Der Prozess tauscht so nur noch auf den Isothermen Wärme mit der Umgebung aus und entspricht damit effektiv dem Carnotprozess.

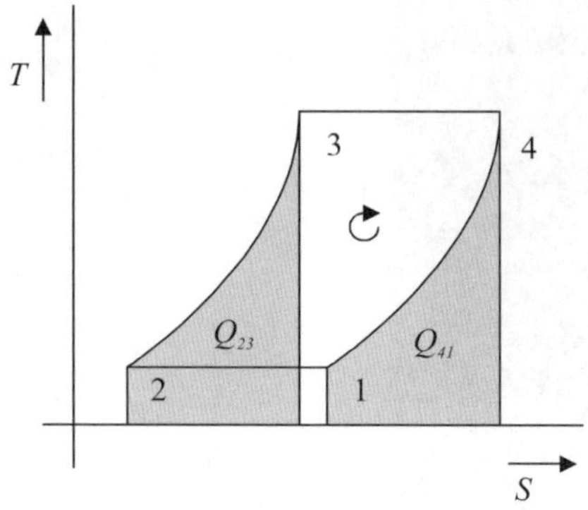

Bild 3.5 Der ideale Stirlingprozess im *T-S*-Diagramm

Lässt man die Flächen der Isochoren im T-S-Diagramm wegfallen, da diese Wärme nur intern ausgetauscht wird, kommt man zu Bild 3.6 links. Da die Positionen der beiden Flächen auf der Abszisse für die Wärmemenge keine Bedeutung haben, lassen sich die Flächen übereinander schieben (Bild 3.6 rechts) und man erhält so effektiv den Carnotprozess mit seinem idealen Wirkungsgrad.

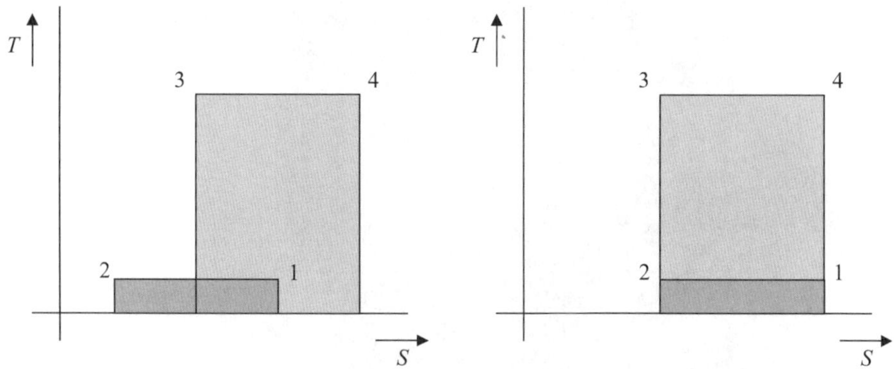

Bild 3.6 Wärmeaustausch des Stirlingprozesses mit der Umgebung

Man könnte annehmen, dass auch während der isochoren Zustandsänderung ein Wärmeaustausch in Erhitzer und Kühler stattfindet, da diese beiden Wärmetauscher gerade dann am intensivsten durchströmt werden. Ein Wärmeaustausch findet dort jedoch nicht statt, da bei einem idealen Regenerator das Arbeitsgas schon mit der Temperatur in den Erhitzer bzw. Kühler gelangt, die dieser besitzt. Es entsteht also kein Temperaturgefälle zwischen Gas und Wand und somit auch keine Wärmeübertragung.

3.2 Wirkungsgrad des Idealprozesses

Da der ideale Stirlingprozess nur auf den Isothermen Wärme mit der Umgebung austauscht, sind auch nur diese für die Bestimmung des Wirkungsgrades relevant.

Nach der allgemeinen Definition eines Kreisprozesses befindet sich das Arbeitsgas nach einem vollständigen Durchlauf wieder in seinem Ursprungszustand. Die innere Energie am Ende entspricht damit wieder der ursprünglichen inneren Energie. Nach dem 1. Hauptsatz der Thermodynamik folgt damit:

$$\oint dQ + \oint dW = \Delta U = 0$$

$$Q_{12} + Q_{34} = -W$$

Für den Stirlingprozess folgt damit:

$$\eta_{th} = \frac{|W|}{Q_{34}}$$

$$\eta_{th} = \frac{-W}{Q_{34}}$$

$$\eta_{th} = \frac{Q_{12} + Q_{34}}{Q_{34}} = 1 + \frac{Q_{12}}{Q_{34}}$$

Für die beiden Isothermen gilt:

$$Q_{12} = \int_1^2 p \cdot dV = m \cdot R \cdot T_1 \cdot \ln\left(\frac{V_2}{V_1}\right)$$

$$Q_{34} = \int_3^4 p \cdot dV = m \cdot R \cdot T_3 \cdot \ln\left(\frac{V_4}{V_3}\right) = m \cdot R \cdot T_3 \cdot \ln\left(\frac{V_1}{V_2}\right) = -m \cdot R \cdot T_3 \cdot \ln\left(\frac{V_2}{V_1}\right)$$

Eingesetzt in die Wirkungsgradgleichung ergibt sich:

$$\eta_{th} = 1 + \frac{m \cdot R \cdot T_1 \cdot \ln\left(\frac{V_2}{V_1}\right)}{-m \cdot R \cdot T_3 \cdot \ln\left(\frac{V_2}{V_1}\right)} = 1 - \frac{T_1}{T_3}$$

$$\eta_{th} = 1 - \frac{T_1}{T_3}$$

$T_1 = T_2 = T_C$ Kompressionsraumtemperatur
$T_3 = T_4 = T_E$ Expansionsraumtemperatur

Der Wirkungsgrad des Idealprozesses entspricht damit dem des Carnotprozess und ist lediglich eine Funktion der beiden Prozesstemperaturen.

3.3 Arbeit des Idealprozesses

Ähnlich der Bestimmung des Wirkungsgrades lässt sich auch die Arbeit des idealen Stirlingprozesses bestimmen. Ihr proportional ist die Leistung der Maschine.

$$W = -[Q_{12} + Q_{34}]$$

$$W = -m \cdot R \cdot T_1 \cdot \ln\left(\frac{V_2}{V_1}\right) - m \cdot R \cdot T_3 \cdot \ln\left(\frac{V_4}{V_3}\right)$$

$$W = m \cdot R \cdot (T_3 - T_1) \cdot \ln\left(\frac{V_2}{V_1}\right)$$

$$W = -m \cdot R \cdot (T_3 - T_1) \cdot \ln\left(\frac{V_1}{V_2}\right)$$

$$|W| = m \cdot R \cdot (T_3 - T_1) \cdot \ln\left(\frac{V_1}{V_2}\right)$$

Bitte beachten Sie hier, dass die Gasmasse *m* in der Maschine auch von den Volumina V_2 bzw. V_1 abhängt. Erläuterungen dazu siehe Kapitel 12.

3.4 Der Bewegungsablauf in der Maschine

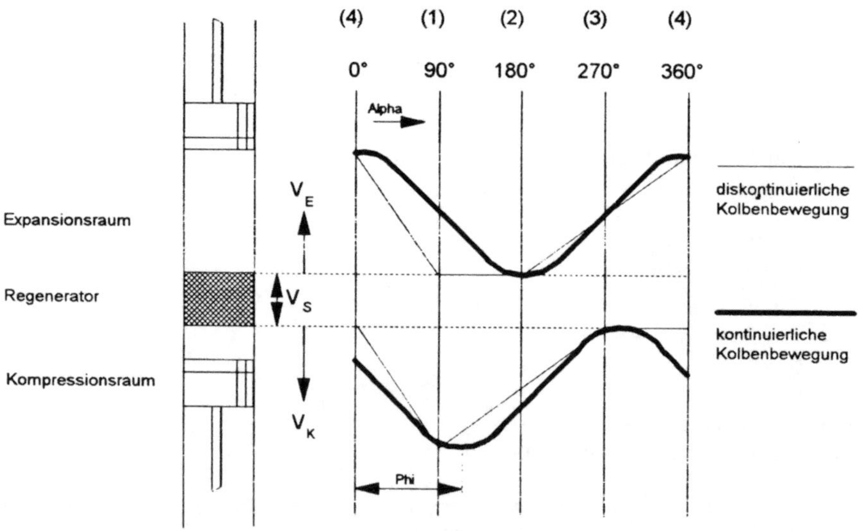

Bild 3.7 Kontinuierlicher und diskontinuierlicher Bewegungsablauf des Stirlingprozesses [40]

Der Bewegungsablauf des idealen Stirlingprozesses ist diskontinuierlich. Die Kolben werden für bestimmte Prozessphasen angehalten. Einen solchen Bewegungsablauf in der Praxis auch nur anzunähern würde eine sehr komplizierte Kinematik des Kurbeltriebs erfordern und sehr hohe Beschleunigungen und somit auch hohe Kräfte mit sich bringen. Im Allgemeinen werden in der Praxis daher konventionelle Kurbeltriebe verwendet, die eine kontinuierliche, annähernd sinusförmige Bewegung der Kolben erzeugen. In den Scheitelbereichen dieser Sinusbewegung ist die Bewegungsgeschwindigkeit naturgemäß sehr klein, was eine Annäherung an die Stillstandsphasen der diskontinuierlichen Bewegung darstellt.

Da so die Ecken im p-V-Diagramm verrundet werden, reduziert sich die Leistung der Maschine, was aber durchaus zugunsten des einfacheren Aufbaus toleriert werden kann.

Bitte beachten Sie zum Verständnis, dass die Anfänge und Enden der vier Zustandsänderungen des Kreisprozesses nicht mit den Extrempositionen der beiden Kolben zusammenfallen, wie es bei Viertakt-Otto- und Dieselmotoren der Fall ist.

3.5 Wärmekraft- oder Arbeitsmaschine

Eine Stirlingmaschine kann prinzipiell sowohl als Wärmekraftmaschine wie auch als Kältemaschine bzw. Wärmepumpe benutzt werden. Ob die Maschine nun als Kraft- oder Arbeitsmaschine wirkt, richtet sich danach, ob sie entweder beheizt und gekühlt wird und so als Motor arbeitet oder ob sie extern angetrieben wird und als Arbeitsmaschine Wärme von der kalten Seite auf die warme Seite überträgt und so als Kältemaschine oder als Wärmepumpe genutzt werden kann. Wird sie als Arbeitsmaschine betrieben, so behalten Expansions- und Kompressionsraum ihre Funktion bei. Im Expansionsraum wird weiterhin von außen Wärme aufgenommen, im Kompressionsraum wird Wärme nach außen abgeführt. Allerdings ist in diesem Fall der Expansionsraum der kältere, der Kompressionsraum der wärmere Raum.

3.6 Drehrichtung und deren Umkehr

Da die beiden Kolben der Maschine sich um 90° phasenverschoben zueinander bewegen, führt eine Umkehr der Drehrichtung dazu, dass sich „warmer" und „kalter" Raum vertauschen. Dies gilt sowohl für die Wärmekraftmaschine wie auch für die Kältemaschine.

3.7 Der Regenerator

Wie schon der Idealprozess zeigt, hat der Regenerator maßgeblichen Einfluss auf den Wirkungsgrad der Stirlingmaschine. Neben der Darstellung im T-S-Diagramm kann man auch durch direkte Betrachtung der Vorgänge in der Maschine eine anschauliche Begründung dafür liefern.

Fehlt der Regenerator, so muss während den Isochoren, wenn das Gas vom kalten Raum in den warmen Raum oder umgekehrt strömt, der für die Temperaturänderung notwendige Wärmestrom komplett von außen zu- bzw. abgeführt werden. Es entsteht ein immenser Wärmestrom, letztlich von „warm" nach „kalt", ohne dass aber die Maschinenleistung steigen würde. Der Wirkungsgrad sinkt dramatisch ab.

3.7.1 Temperaturprofil

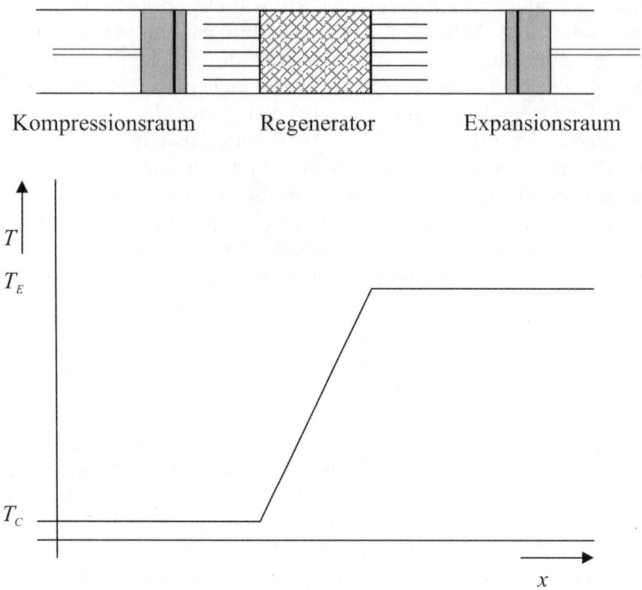

Bild 3.8 Das ideale Temperaturprofil im Regenerator

Die Wärmekapazität des Regenerators soll so groß sein, dass sich die Temperatur des Regeneratormaterials beim Durchströmen des Fluids nicht merklich ändert. Dabei soll sich ein lineares Temperaturprofil einstellen, wie es Bild 3.8 zeigt. Hier nimmt bei unendlicher Wärmekapazität des Regenerators und idealem Wärmeübergang das Fluid auf seinem Weg durch den Regenerator stets dessen örtliche Temperatur an.

3.7.2 Wärme im Regenerator

Im Folgenden soll gezeigt werden, wie groß die im Regenerator zu speichernde Wärme gegenüber der abgegebenen Arbeit ist. Als Grundlage dient wieder der Idealprozess.

Für den Wärmeaustausch auf der Isochoren gilt:

$$Q_{23} = m \cdot c_v \cdot [T_3 - T_2]$$

$$Q_{41} = m \cdot c_v \cdot [T_1 - T_4]$$

$$T_4 = T_3 \text{ und } T_1 = T_2$$

$$Q_{23} = -Q_{41} = m \cdot c_v \cdot [T_3 - T_1]$$

Die Arbeit des Prozesses

$$W_{ab} = -m \cdot R \cdot (T_3 - T_1) \cdot \ln\left(\frac{V_1}{V_2}\right)$$

und $\varepsilon = \frac{V_1}{V_2}$

eingesetzt ergibt:

$$Q_{23} = c_v \cdot \frac{W_{ab}}{R \cdot \ln \varepsilon}$$

Bezogen auf die Arbeit ergibt sich:

$$\frac{Q_{23}}{W_{ab}} = \frac{c_v}{R \cdot \ln \varepsilon}$$

Für $\frac{c_v}{R}$ lässt sich schreiben:

$$\frac{c_v}{R} = \frac{c_v}{c_p - c_v} = \frac{c_v}{c_v \cdot \kappa - c_v}$$

und man erhält schließlich:

$$\frac{Q_{23}}{W_{ab}} = \frac{1}{[\kappa - 1] \cdot \ln \varepsilon}$$

Für eine gegebene Arbeit steigt die im Regenerator zu speichernde Wärme mit fallendem Verdichtungsverhältnis an. Ist diese Wärme groß, muss auch der Regenerator groß sein. Ein damit verbundener, entsprechend großer Totraum des Regenerators senkt die Arbeit der Maschine.

Für eine Maschine mit dem typischen Verdichtungsverhältnis von 2 und Luft als Arbeitsgas muss der Regenerator das 3,6fache an Wärme zwischenspeichern gegenüber dem, was die Maschine an Arbeit abgibt.

3.7.3 Regeneratorverlust/-wirkungsgrad

Der Begriff Verlust ist im Zusammenhang mit dem Regenerator ein wenig missverständlich. Gemeint ist die Wärme, die der Erhitzer zusätzlich dem Arbeitsgas zuführen bzw. die der Kühler zusätzlich abführen muss. Der *ideale,* d. h. verlustfreie Regenerator heizt das Gas, wenn es vom Kompressionsraum in den Expansionsraum strömt, auf Erhitzertemperatur auf, so dass es im folgenden Erhitzer keine Wärme mehr aufnehmen kann. Im nichtidealen Regenerator ist die Wärmeübergangszahl begrenzt, und das Gas verlässt den Regenerator mit einer Temperatur kleiner der Erhitzertemperatur bzw. für die umgekehrte Strömungsrichtung mit einer Temperatur über der Kühlertemperatur.

Der Erhitzer muss so auch für die isochore Erwärmung Wärme zuführen, der Kühler analog für die isochore Kühlung Wärme abführen. Der Wärmestrom durch die Maschine steigt an, während die Arbeit konstant bleibt. In Folge sinkt der Wirkungsgrad der Maschine.

Die Druckverluste im Regenerator zählen nicht zu den thermischen Verlusten und seien hier unberücksichtigt. Die Druckverluste reduzieren die mechanische Arbeit der Maschine [13].

3.8 Verdichtungsverhältnis

Während sich bei Otto- und Dieselmotoren das Verdichtungsverhältnis aus den Volumina in den Extrempositionen der Kolben ergibt, hängt das Verdichtungsverhältnis von Stirlingmaschinen (vom α-Typ) wesentlich vom Phasenverschiebungswinkel der Kolben ab.
Durch die erforderlichen Wärmetauscher und den Regenerator entstehen erhebliche Totvolumina, so dass Stirlingmaschinen meist nur ein Verdichtungsverhältnis in der Größenordnung von 2 bis 3 erreichen [44], während bei Otto- und Dieselmotoren Werte von 9 bzw. 22 (für Direkteinspritzer-Dieselmotoren ca. 17) typisch sind.

Zur Bedeutung des Verdichtungsverhältnisses siehe auch Abschnitt 12.1.

Wie sich das Verdichtungsverhältnis aus der Maschinengeometrie ergibt, soll Abschnitt 3.8.1 zeigen.

3.8.1 Verdichtungsverhältnis von α-Maschinen

Das Verdichtungsverhältnis von α-Maschinen hängt im Wesentlichen vom Totvolumen in der Maschine und der Phasenverschiebung der Kolben zueinander ab. Durch die Wahl der Hubvolumina ließe sich eine zusätzliche Variation des Verdichtungsverhältnisses realisieren.

Folgende Rechnung soll den Zusammenhang mathematisch verdeutlichen. Sie beschränkt sich jedoch auf gleiche Hubvolumina.

Werden die Kolbenbewegungen als rein sinusförmig angenommen, ergeben sich die Volumina zu

$$V_E = \frac{V_{HE}}{2} \cdot [1 - \cos\alpha]$$

$$V_C = \frac{V_{HC}}{2} \cdot [1 - \cos(\alpha - \varphi)]$$

V_E Expansionsvolumen
V_C Kompressionsvolumen
V_{HE} Expansionshubvolumen
V_{HC} Kompressionshubvolumen
α Kurbelwinkel
φ Phasenverschiebungswinkel
V_D Totvolumen

Das Gesamtvolumen ergibt sich als Summe dieser beiden, zuzüglich dem Totvolumen:

$$V(\alpha) = \frac{V_{HE}}{2} \cdot [1 - \cos\alpha] + \frac{V_{HC}}{2} \cdot [1 - \cos(\alpha - \varphi)] + V_D$$

Es soll nun theoretisch untersucht werden, für welche Phasenverschiebungswinkel welches Verdichtungsverhältnis folgt. Den jeweiligen Kurbelwinkel für die Extremvolumina V_{min} oder V_{max}, den man zur Bestimmung des Verdichtungsverhältnisses benötigt, erhält man durch Ableiten nach dem Kurbelwinkel und Nullsetzen dieser Funktion.

$$\frac{dV(\alpha)}{d\alpha} = \frac{V_{HE}}{2} \cdot \sin\alpha + \frac{V_{HC}}{2} \cdot \sin(\alpha - \varphi)$$

$$0 = \frac{V_{HE}}{2} \cdot \sin\alpha + \frac{V_{HC}}{2} \cdot \sin(\alpha - \varphi)$$
$$\frac{V_{HE}}{V_{HC}} = -\frac{\sin(\alpha - \varphi)}{\sin\alpha}$$

Zur Vereinfachung der folgenden Rechnung seien die beiden Hubvolumina gleich.

$$1 = -\frac{\sin(\alpha - \varphi)}{\sin\alpha}$$

Mit Hilfe des Additionstheorems

$$\sin(\alpha - \varphi) = \sin\alpha \cdot \cos\varphi - \cos\alpha \cdot \sin\varphi$$

für die Sinus-Funktion erhält man:

$$1 = \frac{-\sin\alpha \cdot \cos\varphi + \cos\alpha \cdot \sin\varphi}{\sin\alpha}$$
$$1 = -\cos\varphi + \cot\alpha \cdot \sin\varphi$$
$$1 + \cos\varphi = \cot\alpha \cdot \sin\varphi$$

Den Sinus durch ein Additionstheorem ersetzt, folgt:

$$\frac{1 + \cos\varphi}{\pm\sqrt{1 - \cos^2\varphi}} = \cot\alpha$$
$$\tan\alpha = \pm\frac{\sqrt{1 - \cos^2\varphi}}{1 + \cos\varphi}$$
$$\alpha_{\min/\max} = \arctan \pm \left[\frac{\sqrt{1 - \cos^2\varphi}}{1 + \cos\varphi}\right] + [0, \pi, 2\pi, 3\pi, ...]$$

Bestimmt man daraus die Extremvolumina und das Verdichtungsverhältnis für verschiedene Phasenverschiebungswinkel, so erhält man die Funktion in Bild 3.9.

Für den typischen Phasenverschiebungswinkel von 90° kann das Verdichtungsverhältnis selbst ohne Totvolumina den Wert von 5,83 nicht überschreiten.

Für Bild 3.9 wurde ein relatives Totvolumen von 0,3 zugrunde gelegt, da ε sonst für $\varphi = 0$ gegen unendlich ginge.

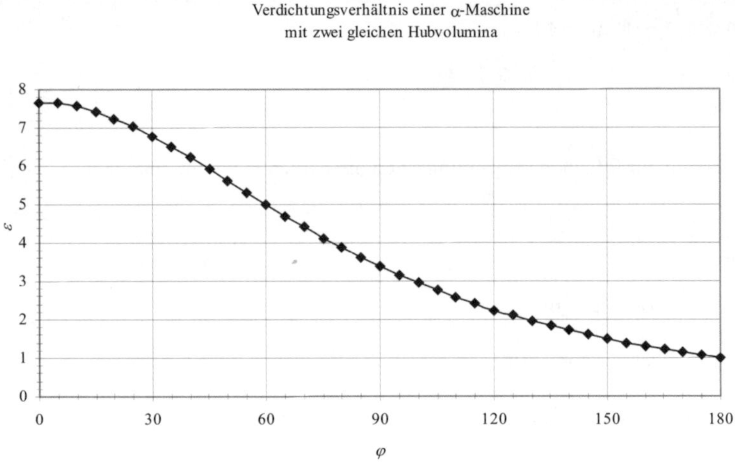

Bild 3.9 Verdichtungsverhältnis einer α-Maschine als Funktion des Phasenverschiebungswinkels

3.8.2 Verdichtungsverhältnis von γ-Maschinen

Bei der γ-Maschine stellt das gesamte Verdrängerhubvolumen bezüglich des Gesamtvolumens eine invariante Größe dar. Die Phasenverschiebung der beiden Kolbenbewegungen hat hier keinen Einfluss auf das Verdichtungsverhältnis.

$$\varepsilon = \frac{V_{\max}}{V_{\min}} = \frac{V_{HE} + V_{HC} + V_{DC} + V_{DE} + V_R}{V_{HE} + V_{DC} + V_{DE} + V_R}$$

Das Expansionshubvolumen V_{HE} entspricht hier dem Verdrängerhubvolumen, das Komrpessionshubvolumen V_{HC} entspricht dem Arbeitshubvolumen.

3.8.3 Verdichtungsverhältnis von β-Maschinen

Für die β-Maschine gilt Ähnliches wie für die γ-Maschine. Da bei der β-Maschine jedoch die Hübe der beiden Kolben überlappen, ist ein höheres Verdichtungsverhältnis als bei der γ-Maschine möglich. Es gilt analog:

$$\varepsilon = \frac{V_{\max}}{V_{\min}} = \frac{V_{HE} + V_{HC} + V_{DC} + V_{DE} + V_R - V_B}{V_{HE} + V_{DC} + V_{DE} + V_R - V_B}$$

V_B Überlappungsvolumen

Zur Bestimmung des Überlappungsvolumens siehe Abschnitt 7.3.1.

3.9 Arbeitsgase

Häufig wird für Stirlingmotoren neben Luft auch Helium oder Wasserstoff als Arbeitsgas eingesetzt. Diese beiden Gase weisen deutlich andere Stoffwerte als Luft auf. Mit ihnen lässt sich ein besserer Wärmeübergang in den Wärmetauschern realisieren, was wiederum für den gleichen Wärmeaustausch kleinere Wärmetauscher zulässt. Da das Volumen der Wärmetauscher für die Stirlingmaschine als Totvolumen wirkt, lässt sich dieses somit auch durch die Wahl des Arbeitsgases verringern. Darüber hinaus verringert die geringere Dichte die Strömungsverluste in der Maschine.

Gas	Wärmeleit-fähigkeit λ [W/mK] [6]	Wärme-kapazität c_p [kJ/kg K] [7]	Dichte (0 °C/1,013 bar) ρ [kg/m^3] [7]	Viskosität η [kg/m s] (bei 250K) [44]
Luft	$26{,}2\ 10^{-3}$	1,004	1,2930	$15{,}99\ 10^{-6}$
Helium	$152\ 10^{-3}$	5,238	0,17848	$18{,}40\ 10^{-6}$
Wasserstoff	$182\ 10^{-3}$	14,20	0,08988	$7{,}92\ 10^{-6}$

Folgende kurze qualitative Rechnung soll zeigen, wie der Wärmeübergang für eine Rohrströmung (im Hinblick auf Rohrbündelwärmetauscher) von den Stoffwerten des Gases abhängt.

Für den Wärmeübergang zwischen einer festen Wand und einem Fluid gilt allgemein:

$$\dot{Q} = \alpha \cdot A \cdot (\vartheta_W - \vartheta_F)$$

mit :

$$\alpha = \frac{Nu \cdot \lambda}{d}$$

α	Wärmeübergangskoeffizient
A	Austauschfläche
ϑ_F	Fluidtemperatur
ϑ_W	Wandtemperatur
Nu	Nußeltzahl
λ	Wärmeleitfähigkeit des Fluids
d	Rohr-Innendurchmesser
l	Rohrlänge
Pr	Prandtlzahl = Stoffwert
Re	Reynoldszahl

Als Beispiel soll hier die Berechnung der erzwungenen laminaren Rohrinnenströmung nach SCHLÜNDER [7] dienen:

$$Nu = \sqrt[3]{49 + 4{,}17 \cdot Re \cdot Pr \cdot \frac{d}{l}} \cdot K$$

$$Pr = \frac{\eta \cdot c_p}{\lambda}$$

$$Re = \frac{c \cdot d_{hydr.}}{\nu} = \frac{c \cdot d_{hydr.}}{\eta} \cdot \rho$$

$K \approx 1$ bei Gasen und Dämpfen

Eingesetzt in die Gleichung für den Wärmeübergangskoeffizient erhält man:

$$\alpha = \frac{\lambda}{d} \cdot \sqrt[3]{49 + 4{,}17 \cdot Re \cdot Pr \cdot \frac{d}{l}} \cdot K$$

$$\alpha = \frac{\lambda}{d} \cdot \sqrt[3]{49 + 4{,}17 \cdot \frac{c \cdot d_{hydr.}}{\nu} \cdot \frac{\eta \cdot c_p}{\lambda} \cdot \frac{d}{l}} \cdot K$$

$$\alpha = \frac{\lambda}{d} \cdot \sqrt[3]{49 + 4{,}17 \cdot \frac{c \cdot d_{hydr.}}{\eta} \cdot \rho \cdot \frac{\eta \cdot c_p}{\lambda} \cdot \frac{d}{l}} \cdot K$$

Die Viskosität kürzt sich heraus:

$$\alpha = \frac{\lambda}{d} \cdot \sqrt[3]{49 + 4{,}17 \cdot c \cdot d_{hydr.} \cdot \rho \cdot \frac{c_p}{\lambda} \cdot \frac{d}{l}} \cdot K$$

Da die Wärmeleitfähigkeit λ einmal im Zähler und einmal im Nenner erscheint, im letzteren Fall aber nur in der 3. Wurzel, wächst α mit λ an.

Die höhere Wärmekapazität c_p wird im Effekt durch die geringere Dichte in etwa aufgewogen. Die geringere Dichte reduziert aber wie erwähnt die Strömungsverluste. Denn für den Druckverlust einer Rohrströmung gilt ganz allgemein:

$$\Delta p = \rho \cdot \lambda \cdot \frac{l}{d} \cdot \frac{c^2}{2} \text{ [17]}$$

Bitte beachten Sie, dass λ hier die Rohrreibungszahl und nicht die Wärmeleitfähigkeit darstellt.

Da Wasserstoff darüber hinaus eine geringere Viskosität η besitzt, reduziert dieses Gas die Strömungsverluste weiter.

4 Grundtypen

Man kann Stirlingmaschinen nach der Art der Arbeitsraumkonfiguration und nach der Art der mechanischen Kolbensteuerung unterscheiden.

Nach Art der Arbeitsraumkonfiguration werden

- α-Maschinen,
- β- Maschinen,
- γ-Maschinen

unterschieden.

Nach Art der Kolbensteuerung werden unterschieden:

- Maschinen mit kinematischem Getriebe (Kurbeltrieb),
- Freikolben-Maschinen; hier oszillieren die Kolben gegen ein als Feder wirkendes Gasvolumen; eine mechanische Verbindung nach außen existiert nicht; die Energieauskopplung erfolgt entweder direkt elektrisch mittels Lineargenerator, pneumatisch oder hydraulisch,
- Hybrid-Maschinen; sie stellen eine Kombination der beiden ersten dar; es arbeitet nur *ein* Kolben an einem kinematischen Getriebe, der andere arbeitet als freischwingender Kolben; die Ringbom-Maschine zählt zu den Hybridmaschinen, benannt nach OSSIAN RINGBOM, der 1907 einen solchen Motor zum Patent anmeldete [46].

Die Unterscheidung nach ersterem Kriterium soll nun etwas genauer dargestellt werden.

4.1 α-Maschine

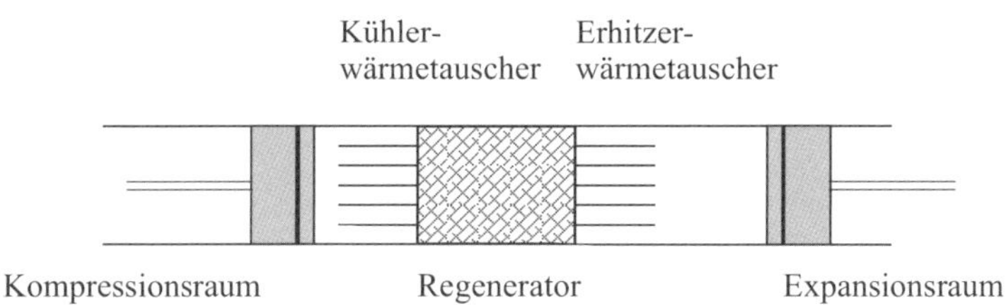

Bild 4.1 Schema einer α-Maschine

Die α-Maschine besitzt zwei Arbeitskolben, die die Namen Kompressions- und Expansionskolben tragen. Sie ist sehr übersichtlich und kommt mit konventionellen Kurbeltrieben aus. So können viele konventionelle Maschinenelemente verwendet werden.

4.2 γ-Maschine

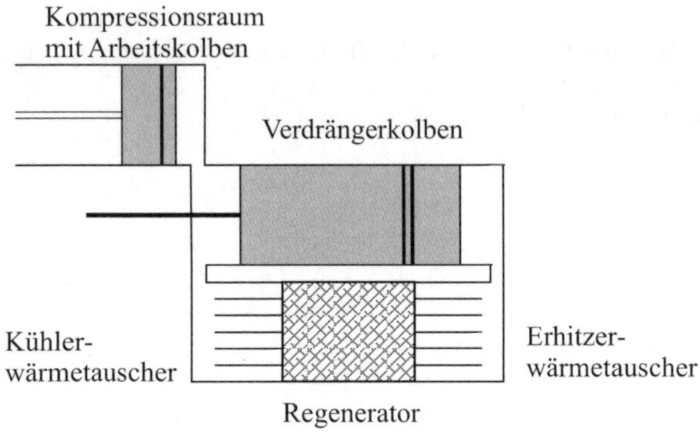

Bild 4.2 Schema einer γ-Maschine

Die γ-Maschine besitzt einen Arbeitskolben und einen Verdrängerkolben. Die Kolben sind in getrennten Zylindern untergebracht; die Zylinder sind aber über ein Rohr verbunden.

Ein Vorteil der γ-Maschine besteht darin, dass sie – wie auch die α-Maschine – mit konventionellen Kurbeltrieben arbeiten kann.

4.3 β-Maschine

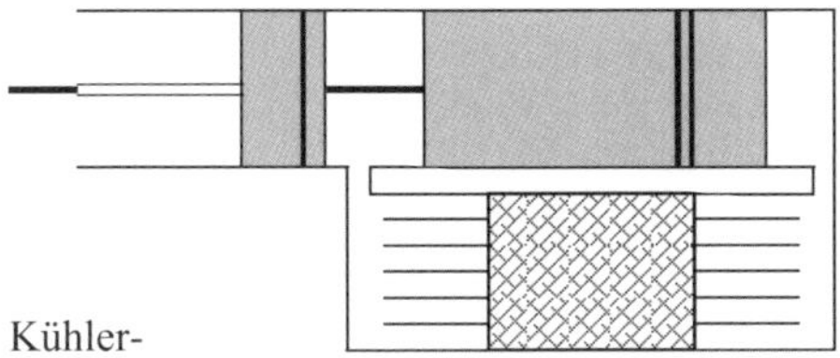

Bild 4.3 Schema einer β-Maschine

Die β-Maschine besitzt wie die γ-Maschine einen Arbeitskolben und einen Verdrängerkolben. Sie hat gegenüber der γ-Maschine den Vorteil, dass sich die Arbeitshübe der beiden Kolben überlappen können, da sie sich in einem gemeinsamen Zylinder befinden. Damit lässt sich ein höheres Verdichtungsverhältnis realisieren. Dies ist leicht einzusehen, wenn Sie bitte beachten, dass der Verdrängerkolben das Gesamtvolumen mit seiner Position nicht verändern kann und dessen Hubvolumen somit bezüglich des Gesamtvolumens als Fixgröße erscheint. Nur der Arbeitskolben kann mit seiner Position das Gesamtvolumen variieren. Kann nun der Arbeitskolben einen Teil des Verdrängerzylinders mitbenutzen, lässt sich dessen Hub vergrößern und somit auch das Verhältnis von Maximal- zu Minimalvolumen.

β-Maschinen haben jedoch den Nachteil, dass sie entweder zwei gegenüberliegende, miteinander verbundene Kurbeltriebe oder einen etwas exotischeren Kurbeltrieb, wie z. B. ein Rhombengetriebe, benötigen.

5 Beispiele realer Maschinen

5.1 α-Maschinen

5.1.1 161-Maschine von Solo

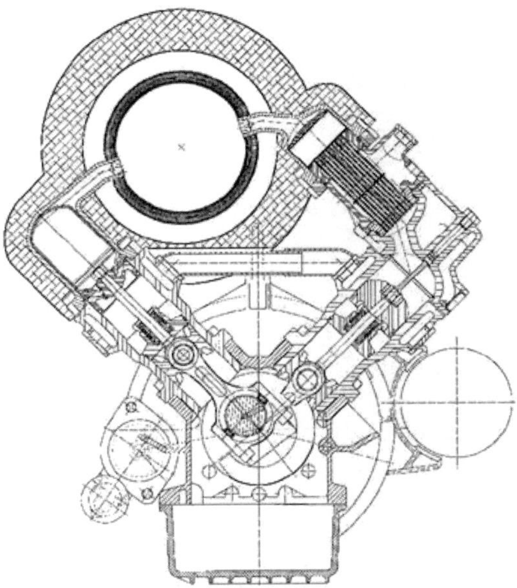

Bild 5.1 Die 161-Maschine der Firma Solo [37]

Bild 5.1 zeigt die Stirling-161-Maschine der Firma Solo Stirling GmbH, Sindelfingen. Die Firma Solo beschäftigt sich seit 1990 mit der Technologie der Stirlingmotoren.

Für die Solar-Versuchsanlage des Bauingenieurbüros Schlaich, Bergermann und Partner auf der Plataforma Solar de Almeria/Spanien entwickelte Solo eine solar betriebene Version dieser Stirlingmaschine. Man hat dort seit 1992 insgesamt über 30 000 Betriebsstunden erfolgreich akkumuliert. Diese Maschine basiert auf dem langzeiterprobten V160 von United Stirling Sweden.

Bei den solarthermischen Kraftwerken, die konzentrierte Solarstrahlung nutzen, lassen sich drei Typen unterscheiden:

- Turmkraftwerke; die Strahlung wird mittels einer Vielzahl *zweiachsig* nachgeführter Spiegel, so genannter Heliostate, auf einen Fokus*punkt* in einem Turm reflektiert und konzentriert;
- Paraboloidkraftwerke oder Dish-Systeme; die Lichtkonzentration erfolgt über einen *zweiachsig* nachgeführten Parabolspiegel auf einen Fokus*punkt*. Als Kraftmaschinen kommen Stirlingmotoren zum Einsatz; der Absorber oder Receiver für die Solarstrahlung ist dann gleichzeitig Erhitzerwärmetauscher des Stirlingmotors und im Fokuspunkt des Spiegels montiert;
- Parabolrinnenkraftwerke; das eingefangene Licht wird über einen *einachsig* nachgeführten Parabolrinnenspiegel auf eine *Linie* fokussiert. Die Energie wird in der Fokuslinie von geschwärzten Rohren absorbiert und mittels eines darin strömenden Thermoöls bei Temperaturen von etwa 200 bis 400 °C weitergeleitet und zentral genutzt [9]. Die bislang einzigen kommerziell betriebenen solaren Dampfkraftwerke sind die so genannten Parabolrinnenkraftwerke. Seit den 80er-Jahren arbeiten neun solcher Kraftwerke in Kalifornien. Ihre Gesamtleistung beträgt 354 MW [20].

Bild 5.2 Turmkraftwerk auf der PSA in Almeria. Von dem Spiegelfeld wird Strahlung zum Turm hin gebündelt [8]

Die genannten Dish-Stirling-Anlagen erreichen mit Spitzenwirkungsgraden von 20 bis 30 % die höchsten aller solarthermischen Stromerzeugungsanlagen [26].
Die in Bild 5.3 gezeigte Dish-Stirling-Anlage DISTAL II in Almeria ist mit dem hier beschriebenen Stirlingmotor SOLO 161 ausgestattet. Der Spiegeldurchmesser beträgt 8,5 m und ist damit 25 % größer als für die Nennleistung des Stirlingmotors erforderlich. Mit diesem so genannten *solaren Vielfachen* ist es möglich, die Nennleistung des Motors auch bei nicht maximaler Solarstrahlung zu halten. An Standorten mit geringerer Stundenzahl von maximaler Strahlung kann so die Jahresenergiebilanz deutlich verbessert werden.

Bild 5.3 Dish-Stirling-Anlage [29]

Bild 5.4 Parabolrinnenkollektorfeld [29]

Bei Einstrahlungen über 850 W/m^2 wird die überschüssige Wärme am Solarreceiver durch ein kleines Gebläse abgeführt [18].

Eine Mikroprozessor-Regelung passt die Leistung der Maschine über den Arbeitsgasdruck der solaren Einstrahlung so an, dass die Receivertemperatur konstant gehalten wird.

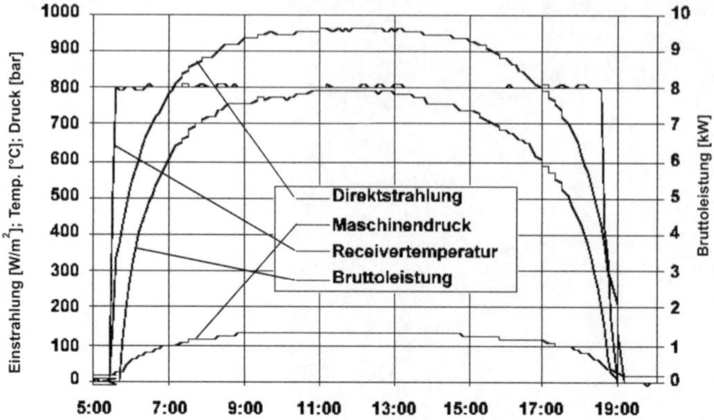

Bild 5.5 Leistungs- und Druckregelung der SOLO-Stirlingmaschine im Solarbetrieb über einen Tag [18]

Zur Begrenzung der Einstrahlflussdichten am Receiver wurde dieser etwa 15 cm hinter den Fokuspunkt gelegt. Der Erhitzerwärmetauscher des Stirlingmotors ist gleichzeitig der Receiver und besteht aus 78 einzelnen Rohren mit einem Außendurchmesser von 3 mm bei einer Wandstärke von 0,6 mm. Es kommt dabei eine hoch wärme- und korrosionsbeständige Nickelbasislegierung zum Einsatz, um den hohen Belastungen von Temperaturen um 900 °C auf der Vorderseite und einem Innendruck von 150 bar gerecht zu werden [18].

Bild 5.6 Solar-Strahlungsreceiver des Dish-Stirling [37]

Der maximale Arbeitsgasdruck wurde mit 150 bar so gewählt, dass Druckbehälter, Magnetventile und Dichtungen noch durch Standardteile abgedeckt werden konnten [4].

Die zweiachsige Nachführung des Spiegels kann als geschlossener Regelkreis realisiert werden, indem der Sonnenstand kontinuierlich erfasst wird. Diese Variante bereitet verständlicherweise bei teilbedecktem Himmel Probleme. Für die vorgestellte Anlage wurde eine Steuerung des Spiegels über eine Software realisiert, die den aktuellen Sonnenstand berechnet [18].

Die Kosten einer solchen Anlage liegen für den Prototypen bei 15.000 bis 18.000 €/kW, werden aber für eine Serienfertigung auf 1.500 bis 2.000 €/kW geschätzt [31].

Man erkannte, dass diese Maschine auch für die dezentrale Energieerzeugung in kleinen Blockheizkraftwerken geeignet ist, und entschloss sich, eine Serienfertigung für diese Maschine aufzubauen. Ein solches BHKW soll zunächst mit Erdgas arbeiten, später soll eine Variante für eine Feuerung mit biogenen Festbrennstoffen folgen.

Dieses BHKW auch für den Betrieb mit festen Brennstoffen aus Biomasse (insbesondere Holz) zu befähigen, stellt ein äußerst attraktives wie auch schwieriges Ziel dar. Entsprechende Entwicklungen laufen zur Zeit (2004) noch [37].

Bild 5.7 Versuchsstand für Biomasse-befeuerten SOLO-Stirling 161 [37]

Bild 5.8 SOLO-Stirling-BHKW für Erdgas [38]

In der Kraft-Wärme-Kopplung mit fossilen Energieträgern steht der Stirlingmotor in Konkurrenz mit Gas- und Dieselmotoren. Zunehmend dürfte auch die Brennstoffzelle ein Konkurrent in dieser Disziplin werden.

Der Stirlingmotor bietet aber gegenüber Gasmotoren auf der Basis von Otto- und Dieselprinzip einige Vorteile:

- bessere Abgasqualität;
- geringerer Wartungsaufwand. Die Wartungsintervalle werden von Solo [38] auf 5.000 bis 8.000 Stunden geschätzt, was eine Betriebskostensenkung gegenüber Gas-Ottomotoren bringt. Verantwortlich ist die geschlossene Bauweise bzw. die äußere Wärmezufuhr, die ein Eindringen von Verbrennungsrückständen in den Motor prinzipiell verhindert.

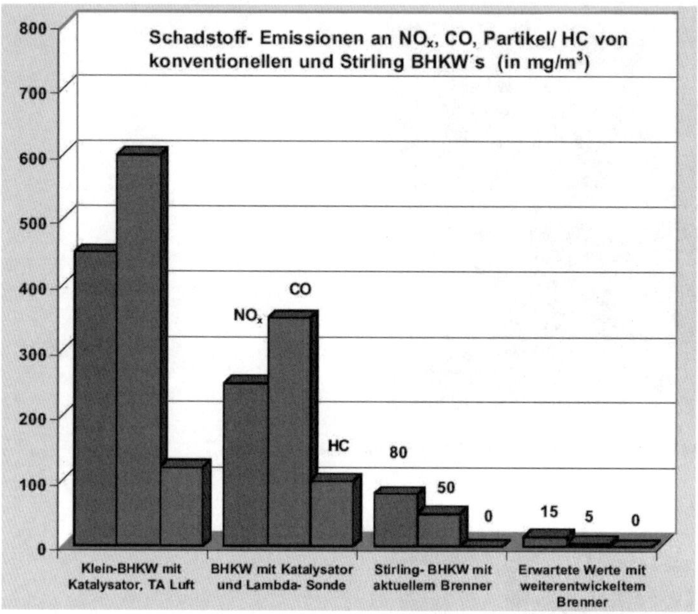

Bild 5.9 Emissionen des SOLO-Stirling-BHKW im Vergleich zu konventionellen Techniken [38]

Bild 5.9 zeigt einen Vergleich der Abgasemissionen des SOLO-Stirling-BHKW mit Erdgasbrenner zu konventionellen Technologien. Die Gründe für die gute Abgasqualität solcher Stirling-BHKW liegen in der stationären Verbrennung begründet, die aufgrund der äußeren Wärmezufuhr des Stirlingmotors ermöglicht wird. Bei der Verbrennung in Otto- und Dieselmotoren findet eine instationäre Verbrennung statt, die zwangsläufig Nachteile mit sich bringt wie z. B. das Verlöschen der Flamme im Bereich der relativ kühlen Brennraumwände, was besonders zu HC-Emissionen führt. Bei einem Brenner mit stationärer Flamme sind die Wände entsprechend heiß, was diesen Effekt stark verringert. Eine starke interne Abgasrückführung vermindert die Bildung von thermischen NO_x [38].

Um eine gute Stromkennzahl (Verhältnis der elektrischen zur thermischen Leistung) des BHKW zu erhalten, ist der Brenner des Stirling-BHKW mit einer Luftvorwärmung auszustatten. Würde man auf diese verzichten, wäre die Temperatur des Rauchgases nach dem Erhitzerwärmetauscher des Stirlingmotors noch sehr hoch, da dieser das Rauchgas selbstverständlich nicht unter seine eigene Temperatur (600 bis 700 °C) abkühlen kann. Das heißt, es stünde eine, im Vergleich zur elektrischen Leistung, riesige Wärmeleistung als Heizwärme zur Verfügung. Dies kann nicht sinnvoll sein, da die elektrische Energie stets die wertvollere ist und der Motor den größten Anteil an den Investitionskosten hat. Ein Luftvorwärmer in Form eines Gegenstromwärmetauschers kühlt das Abgas nach Durchströmen des Stirlingmotor-Erhitzers ein zweites Mal ab, so dass das Rauchgas dann mit etwa 200 bis 300 °C [38] in den Heizungsteil des BHKW eintritt. Die so ausgekoppelte Wärme heizt die Verbrennungsluft des Brenners vor und reduziert so den notwendigen Brennstoffeinsatz. Letztlich steigt damit der elektrische Wirkungsgrad der Anlage und die Stromkennzahl. Die Stromkennzahl σ ist eine Kennziffer für BHKW und beschreibt definitionsgemäß das Verhältnis der elektrischen Leistung zur thermischen Leistung.

$$\sigma = \frac{P_{el}}{\dot{Q}}$$

BHKW werden meist wärmegeführt betrieben, d. h., die Führungsgröße für die Leistungsregelung ist der Wärmebedarf des zu versorgenden Objekts. Dies führt witterungsbedingt zu häufigem Teillastbetrieb. Dazu wäre eine kontinuierliche Regelung der Motorleistung erforderlich. BHKW mit Gasmotoren nach Otto- oder Diesel-Prinzip werden aus Gründen der Effizienz und der Abgasqualität deshalb immer mit Volllast betrieben. Die Teillast wird durch Takten, d. h. Ein- und Ausschalten der Anlage, realisiert. Über ein entsprechendes Einschalt-Pausen-Verhältnis erreicht man die erforderliche mittlere Leistung.

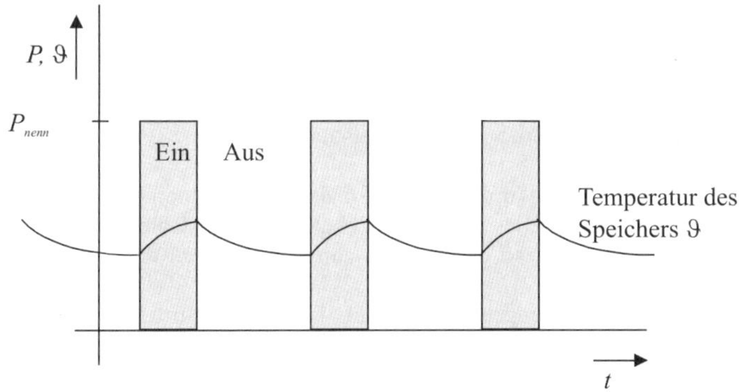

Bild 5.10 Taktbetrieb eines konventionellen BHKW und die mittlere Temperatur des Wärmespeichers

Zur Anpassung der getakteten Leistung an den kontinuierlichen Bedarf findet ein Wasserspeicher Verwendung. Die erzeugte elektrische Energie wird dabei im Allgemeinen ins öffentliche Netz eingespeist.

Da beim Stirlingmotor eine relative große Masse aufgeheizt werden muss, dauert der Startvorgang einige Minuten. Diese gespeicherte Energie kann beim Stoppen nur zum Teil genutzt werden. Darüber hinaus stresst jeder Startvorgang die Materialien der Maschine. Die Maschine sollte deshalb nicht häufiger als einmal pro Tag abgestellt werden [38]. Die Mindesteinschaltzeiten sind somit bei Stirling-BHKW größer als bei konventionellen BHKW.

Dies erreicht man durch ein größeres Volumen für die Speicherung der Wärmeenergie; bei der SOLO-Maschine aber auch durch die gut modulierbare Leistung von 2...9 kW_{el} [38].

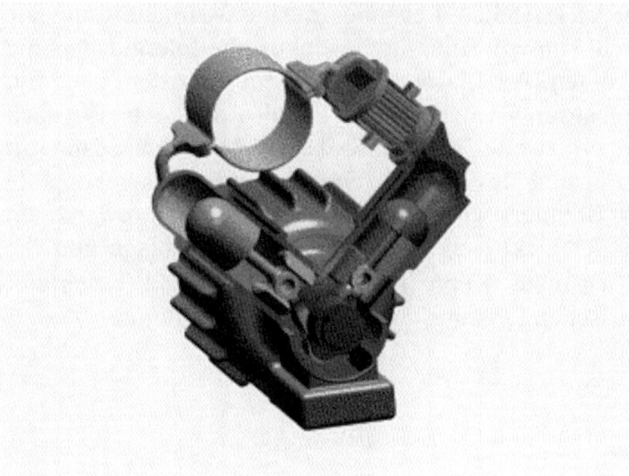

Bild 5.11 SOLO-Stirling 161 [37]

Bild 5.1 und Bild 5.11 zeigen die außerhalb der Maschine angeordneten Wärmetauscher. Der Erhitzer ist als großes, ringförmiges Rohrbündel sichtbar. Rechts daneben ist der Kühler ebenfalls als Rohrbündel ausgeführt. Dazwischen liegt der Regenerator, bestehend aus einem Paket aus Drahtsieben [38] [37].

Bild 5.8 zeigt den Aufbau des kompletten BHKW. Vorne rechts ist ein Helium-Druckgasbehälter erkennbar. Bei Leistungsbedarf des Aggregats speist dieser dem Motor über eine Magnetventil Heliumgas und erhöht so Maschinendruck und Leistung. Arbeitsraum und Pufferraum (Behälter zwischen den beiden Zylindern vorne) werden dabei über zwei Düsen gleichmäßig befüllt. Bei Leistungsüberschuss pumpt ein über dem Kompressionskolben montierter Verdichter Gas in die Flasche zurück [38]. Zu Leistungsregelungen sehen Sie bitte auch Abschnitt 11.2.

Die beiden Kolben werden über Kreuzköpfe geführt, so dass keine Querkräfte an den trockenlaufenden Kolbenringen auftreten. Dies ist für die Lebensdauer der Kolbenringe von entscheidender Bedeutung, auch lässt sich so der Arbeitsraum besser gegen das drucklose Kurbelgehäuse abdichten.

Der Verdrängerkolben besitzt einen langen Kolbendom. Dieses für Stirlingmaschinen typische Konstruktionsmerkmal erlaubt es allgemein, die wenig temperaturbeständigen Kolbenringe (z. B. aus PTFE) im gekühlten Zylinderteil laufen zu lassen, während das thermodynamisch wirksame Kolbenoberteil nur im heißen Ende des Zylinders wirkt. Es entsteht durch diese Konstruktion ein enger Ringspalt um den oberen Kolbendom zwischen diesem und dem Zylinder [21].

Technische Daten des SOLO 161

Größe	**Wert**	**Einheit**
Zylinder	2 in V-Anordnung	
Bohrung	68	mm
Hub	44	mm
Hubvolumen pro Zylinder	160	cm^3
Mittlerer Arbeitsdruck	30...150	bar
Obere Arbeitsgastemperatur	650	°C
Kühlwassertemperatur im Zulauf	65	°C
Arbeitsgas	Helium	
Nenndrehzahl	1500	min^{-1}
Elektrische Leistung	2...9	kW
Elektrischer Wirkungsgrad	24	%
Masse	450	kg

[37] [40]

An dieser Stelle soll einmal der effektive Mitteldruck p_{me} einer Stirlingmaschine mit typischen Mitteldruckwerten von Otto- bzw. Dieselmotoren verglichen werden. Der effektive Mitteldruck ist ähnlich dem indizierten Mitteldruck definiert. Einziger Unterschied ist der, dass hier die effektive Arbeit an der Welle statt der inneren Arbeit auf die maximale Volumenänderung bezogen wird.

$$p_{me} = \frac{W_e}{\Delta V}$$ Bitte vergleichen Sie hierzu Kapitel 1

Als Beispiel dient der V160 von USS, der die Basis des SOLO 161 darstellte. Die effektive Arbeit des V160 wird aus Nennleistung und Nenndrehzahl ermittelt. Mit der Leistung von 9 kW bei 1500 min^{-1} [40] ergibt sich:

$$W_e \approx W_{el} = \frac{9\,\text{kW}}{1500\,\text{min}^{-1}}$$

$$W_e \approx 360\,\text{J}$$

Die maximale Volumenänderung im *p*-*V*-Diagramm ergibt sich aus den beiden Hubvolumina der Arbeitskolben und dem Phasenverschiebungswinkel.

Mit einem Phasenverschiebungswinkel von 106° und einem Zylinderhubvolumen von 160 cm^3 [40] ergibt sich eine maximale Volumenänderung von 193 cm^3 (siehe hierzu auch die Rechnung in Abschnitt 3.8.1). Man erhält so den effektiven Mitteldruck zu:

$$p_{me} = \frac{360\,\text{J}}{193\,\text{cm}^3} = \frac{360\,\text{Nm}}{193 \cdot 10^{-6}\,\text{m}^3} = 19\,\text{bar}$$

Otto- und Dieselmotoren erreichen Werte zwischen 5 und 21 bar, aufgeladene Rennmotoren bis über 50 bar. Bei Pkw- und Nutzfahrzeugmotoren liegen die typischen Werte zwischen 7,5 und 15 bar [5]. Die V160-Maschine liegt damit mit ihrem effektiven Mitteldruck im oberen

Bereich der Werte von Otto- und Dieselmotoren. Würde man statt der Arbeit die *Leistung* auf die Volumenänderung beziehen, würde der Stirling im Vergleich schlechter abschneiden, da Otto- und Dieselmotoren im Allgemeinen höhere Drehzahlen erreichen.

5.1.2 Sunmachine® von Weber Solartechnik

Bild 5.12 Sunmachine® Hochtemperatur-Stirling von Weber-Solartechnik [45]

Diese Hochtemperatur-α-Maschine der Firma Weber Solartechnik, Nürnberg, kann sowohl solar, mit einer Holzfeuerung oder auch einem Gasbrenner betrieben werden.

Die Maschine ist in Kooperation mit STEFAN VIEBACH entwickelt worden und soll in verschiedenen Leistungsstufen zwischen 1 und 4 kW_{el} in Kleinserie gehen [45].

Die Gasvariante arbeitet mit einem Rekuperatorbrenner, der dank seiner integrierten Luftvorwärmung einen elektrischen Wirkungsgrad der Anlage von 30% ermöglichen soll.

Der Stirling arbeitet mit Stickstoff statt Luft als Arbeitsgas, da so eine Korrosion in der Maschine vermieden werden kann. Der maximale Arbeitsgasdruck liegt bei 30 bar. Die Erhitzerkopfkanäle, Regneratorgehäuse, Kühlwasserkanäle und Arbeitsgaskühler sind bei der Sunmachine konzentrisch um Expansions- bzw. Kompressionsraum angeordnet.

Die Solarversion arbeitet mit einem Parabolspiegel, der in acht Segmente ähnlich einem Blütenkelch aufgebaut ist. Der Spiegel besteht aus hochtransparentem, eisenfreiem Solarglas und ist dauerhaft mit Silber verspiegelt und wetterfest versiegelt. Die Oberfläche ist resistent gegen Hagelschlag und soll sogar Sandstürmen widerstehen.

Für sonnenarme Phasen kann ein Gasbrenner den Stirling betreiben und zusätzlich Heizwärme zur Raumheizung und Warmwasserbereitung zur Verfügung stellen. Ein entsprechend groß dimensionierter Brenner soll künftig einen Spitzenlastkessel überflüssig machen [45].

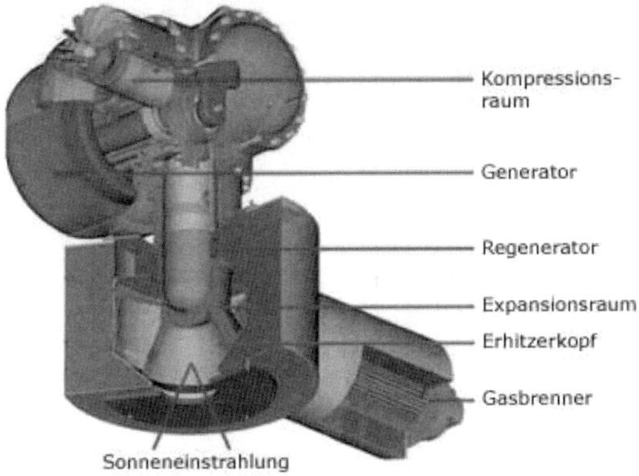

Bild 5.13 Aufbau der Sunmachine® [45]

5.2 β-Maschine

Die 10-36-Maschine entstand 1959 als Kooperationsziel zwischen Philips und General Motors. Geplant war der Einsatz als solarbetriebener Generator für einen Satelliten. 1962 entwickelte Philips diese Maschine weiter, um die Vielstofffähigkeit des Stirling unter Beweis zu stellen [40].

Wie Bild 5.14 erkennen lässt, besitzt die Maschine ein sog. Rhombengetriebe (siehe Abschnitt **A.3**) für die Kolbensteuerung. Der unter hohem Druck stehende Arbeitsraum ist über Rollsockendichtungen an den Kolbenstangen vom drucklosen Kurbelgehäuse getrennt. Unter dem Arbeitskolben befindet sich ein Pufferraum. Dieser steht ebenfalls unter Arbeitsgasdruck und dient dazu, die Druckamplituden auf der Kolbenrückseite zu begrenzen. Darüber hinaus liegt so nicht die volle Druckdifferenz zwischen Mitteldruck und Umgebungsdruck über dem Arbeitskolben, womit sich die Ein- bzw. Ausschubarbeit am Kolben drastisch reduzieren und so das erforderliche Schwungrad und die Reibarbeit verringern – siehe Abschnitt 11.1.

Erhitzer und Kühler sind als Rohrbündelwärmetauscher ausgeführt und rotationssymmetrisch um die Hochachse der Maschine angebracht.

Technische Daten der 10-36-Maschine

Größe	**Wert**	**Einheit**
Mittlerer Arbeitsdruck	100	bar
Erhitzertemperatur	650	°C
Arbeitsgas	Helium	
Nenndrehzahl	3000	min^{-1}
Wellenleistung	7,35	kW
Elektrische Leistung	4	kW

[40]

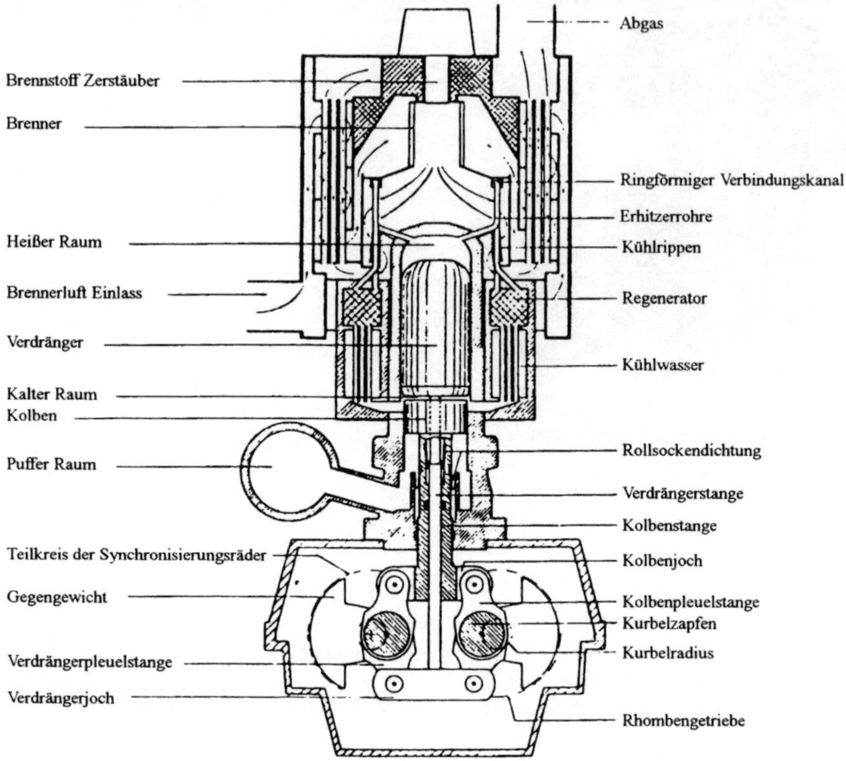

Bild 5.14 Die Philips-10-36-Maschine [24]

5.3 γ-Maschinen

5.3.1 Der ST 05 G

Bild 5.15 und Bild 5.16 zeigen die Stirlingmaschine ST 05 G von DIETER VIEBACH in Quer- und Längsschnitt.

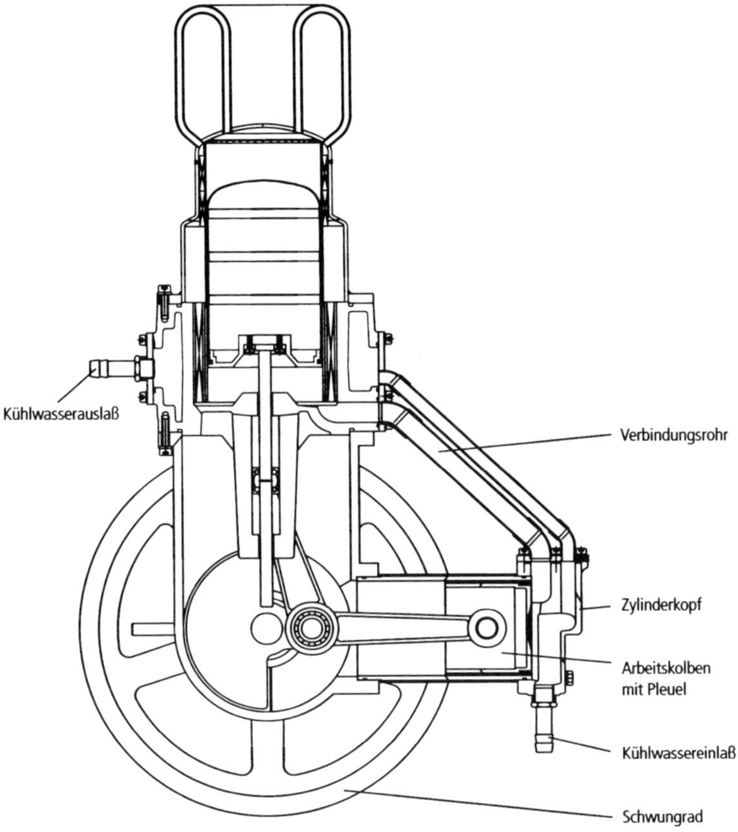

Bild 5.15 Der Viebach ST 05 G im Querschnitt [43]

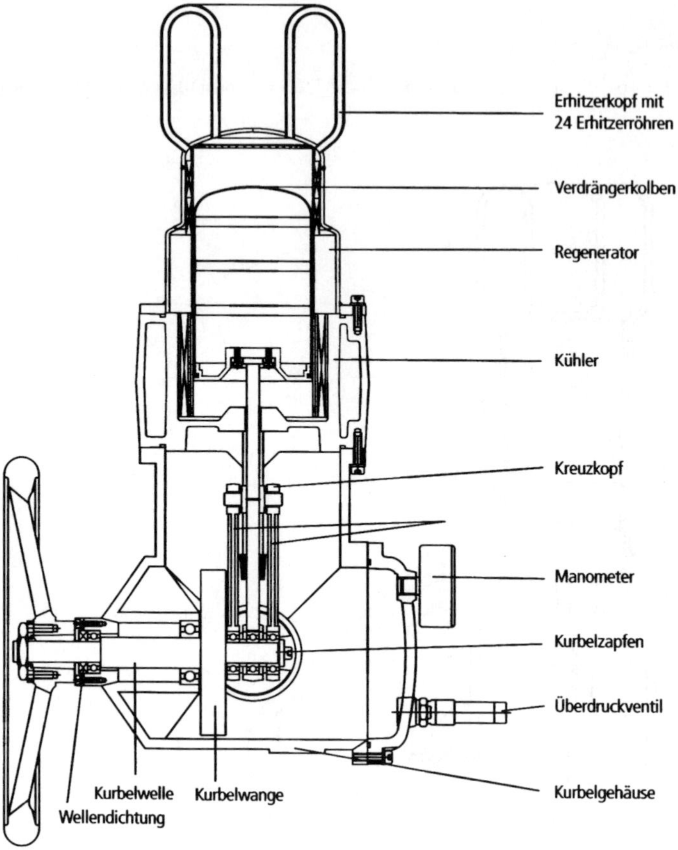

Bild 5.16 Der Viebach ST 05 G im Längsschnitt [43]

Diese Maschine wurde bereits für vielfältige Anwendungen eingesetzt. Mit einem Parabolspiegel wurde sie solar beheizt, an einem Holzheizkessel wurde sie mit Biomasse betrieben, selbst als Kältemaschine kann sie eingesetzt werden.

Herr VIEBACH vertreibt einen Zeichnungssatz wie auch einen Satz Rohgussteile für diese Maschine. Für den Bau der Maschine kann auch eine Werkstatt vermittelt werden. Ein Lehr- und Informationsvideo sowie ein Simulationsprogramm sind erhältlich [43].

Technische Daten des ST 05 G

Größe	**Wert**	**Einheit**
Arbeitszylinderbohrung	85	mm
Verdrängerzylinderbohrung	96	mm
Hub	75	mm
Mittlerer Arbeitsdruck	bis 10	bar
Arbeitsgas	Luft	
Wellenleistung	0,5	kW
Wirkungsgrad (ohne Brenner)	22	%
Leerlaufdrehzahl	ca. 800	min^{-1}
Drehmoment	8	Nm

[42]

Mit dieser recht mäßigen Aufladung von $p_m = 10$ bar und der Verwendung von Luft erscheint der Wirkungsgrad dieser Maschine mit 22% beachtlich.

5.3.2 Der ST 05 G-G

Herr VIEBACH hat den ST 05 G zum ST 05 G-G weiterentwickelt, indem ersterer um einen in das Druckgehäuse integrierten elektrischen Generator erweitert wurde. Damit führen nunmehr lediglich feste elektrische Verbindungen aus dem Druckgehäuse nach außen. Das Problem der mit dem Aufladedruck von 10 bar beaufschlagten Wellendichtung entfällt so. Einziger Nachteil: Die Maschine lässt sich so nicht mehr von Hand starten. Der Generator muss nun zum Startvorgang kurzzeitig als Motor betrieben werden [42].

Bild 5.17 Der ST 05 G-G von Viebach [42]

Technische Daten des ST 05 G-G

Größe	**Wert**	**Einheit**
Arbeitszylinderbohrung	85	mm
Verdrängerzylinderbohrung	96	mm
Hub	75	mm
Mittlerer Arbeitsdruck	bis 10	bar
Arbeitsgas	Luft oder Stickstoff	
Elektrische Leistung	0,45	kW

[42]

5.3.3 Der Handwärmemotor von Viebach

Bild 5.18 Handwärmemotor von Viebach [43]

Bei dieser Modellmaschine handelt es sich ebenfalls um einen γ-Typ. Die Maschine arbeitet bereits mit der geringen Temperaturdifferenz zwischen Körperwärme der menschlichen Hand und der Umgebungstemperatur. Selbstverständlich leistet eine solche Maschine keine Nutzarbeit mehr nach außen; hier sind bereits Maßnahmen notwendig, um die Triebwerksreibung extrem klein zu halten. So sind die Kugellager auszuwaschen und nur mit Öl statt mit Fett zu schmieren. Die Maschine macht deutlich, mit welch niedrigen Temperaturdifferenzen eine Stirlingmaschine noch arbeiten kann.

Auffällig ist an dieser Maschine, dass sie nicht den für Niedertemperaturmaschinen typischen flachen Verdrängerzylinder aufweist.

5.3.4 Der Sunwell 50® von Weber Solartechnik

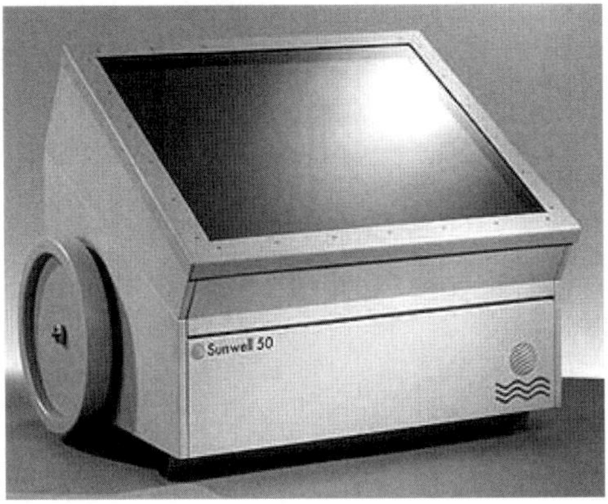

Bild 5.19 Sunwell 50® von Weber Solartechnik [45]

Diese Niedertemperatur-γ-Maschine arbeitet ab einer Temperaturdifferenz von ca. 40 K. Sie wird über einen integrierten Flachkollektor solar beheizt und liefert mit 1 m^2 Absorberfläche 50 W mechanische Leistung. Die Maschine enthält eine integrierte Wasserpumpe, die mit dem Stirlingantrieb pro Tag 6000 l Wasser aus 7 m Tiefe fördern kann. Die Maschine eignet sich aufgrund ihres einfachen Aufbaus sehr gut für die Trinkwasserversorgung in Entwicklungsländern [45].

Regenerator, Verdränger und Solarabsorber sind zu einer Einheit „verschmolzen". Bild 5.19 lässt erkennen, dass im Bereich dieser niedrigen Temperaturen die Maschinenvolumina bezogen auf die Leistung riesig werden. Andererseits kommt die Maschine mit sehr wenigen und einfachen Maschinenelementen aus, was ihren Einsatz in Dritte-Welt-Ländern erlaubt.

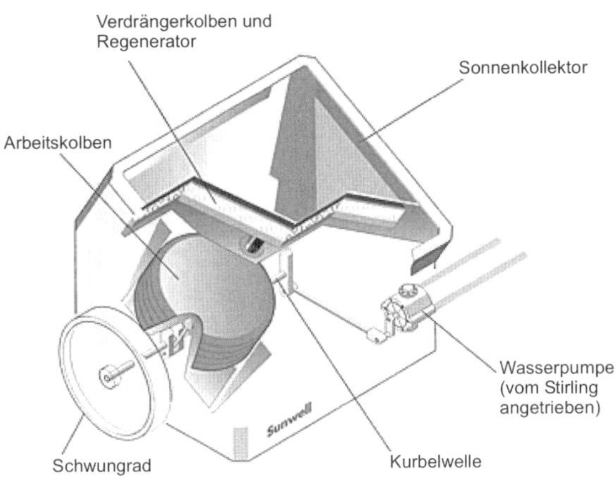

Bild 5.20 Aufbau der Sunwell 50® [45]

6 Berechnungsverfahren und deren Klassifizierung

Es existieren zwei verschiedene Klassifizierungen von mathematischen Analyseverfahren für Stirlingmaschinen. Dies sind die klassische Einteilung nach nullter, erster, zweiter und dritter Ordnung; eine anderer Methode der Einteilung hat ORGAN vorgeschlagen, CL-n-Klassifizierung genannt.

6.1 Klassische Einteilung der mathematischen Analysemethoden

- ***Nullte Ordnung***
  sog. Design-Charts (Auslegungsdiagramme); dies sind grafische Darstellungen der Zyklusarbeit als Funktion z. B. des Phasenverschiebungswinkels; WALKER hat verschiedene Beispiele angegeben. Sie beruhen aber auf der Schmidt-Analyse [44].
- ***Erste Ordnung***
  isotherme Analyse nach SCHMIDT;
  es handelt sich um eine reine Massenbilanz für isotherme Zustandsänderungen.
- ***Zweite Ordnung***
  adiabatische Analyse nach FINKELSTEIN;
  FINKELSTEIN hat statt isothermer Zustandsänderungen adiabate bzw. polytrope ($1 < n < \kappa$) Zustandsänderungen für den Stirling-Zyklus angenommen und darauf aufbauend eine mathematische Beschreibung der Maschine formuliert; diese Gleichungen sind jedoch nur noch numerisch lösbar [21], was den Einsatz von Computern erforderlich macht;
  Druckverluste, Regeneratorverluste, inhomogene Temperaturverteilungen in den Wärmetauschern usw. bleiben unberücksichtigt.
- ***Dritte Ordnung***
  Lösung der gekoppelten Bilanzgleichungen für Masse, Impuls und Energie; der Einsatz von Computern ist unumgänglich [40].

Es existieren noch Berechnungsverfahren zwischen erster und zweiter Ordnung. Sie benutzen die geschlossene Darstellung der Schmidt-Analyse, führen jedoch zur Annäherung an adiabate Zustandsänderungen Korrekturfaktoren ein.

6.2 Klassifizierung nach ORGAN

ORGAN [40] teilt die Verfahren nach der Zahl der gelösten Bilanzgleichungen ein:

- CL1 = Schmidt-Analyse (1 Bilanzgleichung: Masse),
- CL2 = ideale adiabate Analyse (2 Bilanzgleichungen: Masse und Energie).

6.2.1 Kasseler Klassifizierung

Prof. KRAUCH von der Universität/Gesamthochschule Kassel verfeinert die ORGAN'sche Einteilung noch mal, indem er zusätzlich angibt, in wie vielen Dimensionen diese Verfahren berechnet werden [40].

6.3 Faustformeln

Neben den erwähnten Methoden existieren von BEALE und WEST Formeln zur groben Abschätzung der Leistung einer Stirlingmaschine.

6.3.1 Der Beale-Faktor

WILLIAM BEALE hat beobachtet, dass sich die Leistung ausgeführter Stirlingmaschinen näherungsweise nach folgender einfacher Gleichung beschreiben lässt:

Unter Verwendung von SI-Einheiten gilt:

$$P = 0{,}15 \cdot p_m \cdot V_H \cdot n$$

0,15 Beale-Faktor
V_H Arbeitshubvolumen
P Leistung

Der gefundene Faktor wird als Beale-Faktor bezeichnet und ist selbstverständlich eine Funktion der beiden Temperaturen, zwischen denen die Maschine arbeiten muss. Der Faktor 0,15 gilt für $T_E = 650$ °C und $T_C = 65$ °C.

WALKER [44] hat mit dieser Gleichung die Leistung eines zum Stirlingmotor umgebauten Verbrennungsmotors abgeschätzt, um zu zeigen, wie problematisch dieser Schritt aufgrund der geringen zu erzielenden Leistung wäre.

Eine Zweizylindermaschine mit einem quadratischen Hub-Bohrungs-Verhältnis und einer Bohrung von 50 mm ($V_H = 98$ cm^3) werde mit Erhitzer, Kühler und Regenerator ausgestattet. Mit 2 bar Mitteldruck bei 1200 min^{-1} würde die Maschine eine Leistung von ca. 60 Watt erreichen [44]. Dies dürfte nicht einmal reichen, um die Reibung dieser Maschine zu überwinden. Als 4-Takt-Ottomotor läge die Leistung in der Größenordnung von 1 bis 2 kW.

6.3.2 Der West-Faktor

Von WEST existiert eine gegenüber der Beale-Gleichung modifizierte Gleichung, in der die Temperaturen mit berücksichtigt werden.

$$P = F \cdot n \cdot p_m \cdot V_H \cdot \frac{T_E - T_C}{T_E + T_C}$$

F West-Faktor = 0,35
V_H Arbeitshubvolumen
P Leistung

Alle Größen sind in SI-Einheiten einzusetzen [40].

Die Gleichungen von BEALE und WEST erlauben natürlich keine Arbeits- oder Leistungsvorhersage für neu zu konstruierende Maschinen. Sie schaffen aber einen groben Überblick und erlauben für existierende Maschinen einen Vergleich mit ähnlichen Maschinen.

7 Schmidt-Analyse

Die Schmidt-Analyse ist eine reine *Massenbilanz* für das Arbeitsgas in der Maschine. Sie ist nach GUSTAV SCHMIDT benannt, der 1871 diese Analyse entwickelte. Sie erlaubt – unter einigen vereinfachenden Annahmen – die Berechnung des Druckverlaufs über dem Kurbelwinkel sowie die Bestimmung der Zyklusarbeit. Von besonderem Wert ist die Tatsache, dass die Rechnung noch in geschlossener Form möglich ist und nicht numerischer Verfahren bedarf und somit aufgrund ihrer Übersichtlichkeit auch für anschauliche qualitative Aussagen geeignet ist.

Laut STEIMLE hat diese Analyse auch heute, obwohl mittlerweile Analysemethoden mit weniger vereinfachenden Annahmen existieren, noch eine nennenswerte Bedeutung [40].

Folgende Annahmen liegen der Schmidt-Analyse zugrunde:

- Arbeitsgas ist ein ideales Gas.
- Das Gas in den einzelnen Räumen ist zu jedem Zeitpunkt ideal homogen durchmischt,
- es werden drei Totvolumina berücksichtigt: je eines für Kompressions- und Expansionsraum, sowie für das Gasvolumen im Regenerator;
  dies ist eine wichtige Erweiterung gegenüber dem Idealprozess; das dortige „feste" Volumen V_2 hat nicht die Wirkung wie ein Totvolumen, da man beim Idealprozess davon ausgeht, dass das Gas als *Ganzes* zu jedem Prozesszeitpunkt die zugehörige Temperatur annimmt; beim Schmidt-Zyklus hingegen bleibt die Temperatur des Gases innerhalb eines jeden Teilvolumens für den gesamten Zyklus konstant; die aus den Totvolumina resultierende Absenkung der Druckamplitude findet so in dieser Rechnung ihre Berücksichtigung.
- Expansion und Kompression verlaufen isotherm, oder besser formuliert, das Gas hat in den berücksichtigten Räumen stets eine konstante Temperatur.
- Die Bewegung der Kolben sei sinusförmig und damit kontinuierlich.
- Im Regenerator herrsche ein stationäres lineares Temperaturprofil; Regeneratorverluste existieren nicht, d. h., das Gas verlässt jeweils den Regenerator mit der Temperatur, die der jeweilige Raum besitzt, in den es strömt.
- Es treten keine Strömungsverluste auf, d. h., in der gesamten Maschine herrscht stets derselbe Druck.

Die Analyse wird hier in Anlehnung an die Darstellung von C. M. HARGREAVES durchgeführt. Sie unterscheidet sich von der von KOICHI HIRATA Japan zum einen in der Bestimmung der Regeneratorgastemperatur, die dieser als arithmetisches Mittel aus Expansions- und Kompressionstemperatur berechnet, und des Weiteren darin, dass letzterer die fünf berücksichtigten Räume explizit durch die gesamte Rechnung weiterführt, während HARGREAVES stattdessen die Toträume zusammenfasst [15].

Dies stellt jedoch nur einen rein formellen Unterschied dar.

7.1 Schmidt-Analyse für α-Maschine

7.1.1 Formelzeichenlegende

V_E Expansionsvolumen
V_C Kompressionsvolumen
T_E Expansionsraum-Temperatur
T_C Kompressionsraum-Temperatur

V_{HE} Expansions-Hubvolumen
V_{HC} Kompressions-Hubvolumen

V_D Gesamt-Totvolumen
T_D Mittlere Totvolumen-Temperatur

V_{DC} Expansions-Totvolumen
V_{DE} Kompressions-Totvolumen
V_R Regenerator-Volumen

α Kurbelwinkel
φ Phasenverschiebungswinkel

7.1.2 Funktionen der Volumina

Der Kurbelwinkel α sei null, wenn der Expansionskolben im oberen Totpunkt OT steht.

$$V_E = \frac{V_{HE}}{2} \cdot [1 - \cos\alpha]$$

$$V_C = \frac{V_{HC}}{2} \cdot [1 - \cos(\alpha - \varphi)]$$

Eine Nacheilung des Kompressionsvolumens entspricht einem *positiven* Winkel φ.

7.1.3 Effektive Totraumtemperatur

Zur Vereinfachung der Rechnung sollen die drei Toträume zu *einem* zusammengefasst werden. Das Volumen dessen sei die Summe der drei Toträume. Die effektive Gastemperatur dieses Ersatzraumes erhält man aus der Massenbilanz dieser Räume, die wiederum auf der allgemeinen Gasgleichung aufbaut.

$$m = \frac{p}{R} \cdot \left[\frac{V_{DE}}{T_E} + \frac{V_R}{T_R} + \frac{V_{DC}}{T_C} \right] = \frac{p}{R} \cdot \frac{V_D}{T_D}$$

$$\frac{V_{DE}}{T_E} + \frac{V_R}{T_R} + \frac{V_{DC}}{T_C} = \frac{V_D}{T_D}$$

mit:

$$V_D = V_{DE} + V_R + V_{DC}$$

$$\Rightarrow$$

$$T_D = \frac{V_{DE} + V_R + V_{DC}}{\frac{V_{DE}}{T_E} + \frac{V_R}{T_R} + \frac{V_{DC}}{T_C}}$$

7.1.4 Effektive Regenerator-Gastemperatur

Wie bereits erwähnt, sollte sich im Regenerator ein lineares Temperaturprofil einstellen, was laut URIELI [41] tatsächlich in realen Regeneratoren in guter Näherung erreicht wird.

Es soll nun eine Temperatur gefunden werden, die den Regenerator durch einen gleich großen Raum gleichen Drucks repräsentiert. Diese Temperatur soll aber an allen Stellen dieses Raumes die gleiche sein.

Eine Massenbilanz für den Regenerator liefert die zu ermittelnde Temperatur. Die kontinuierliche Verteilung der Räume bzw. der Temperaturen lässt die Summe in ein Integral übergehen.

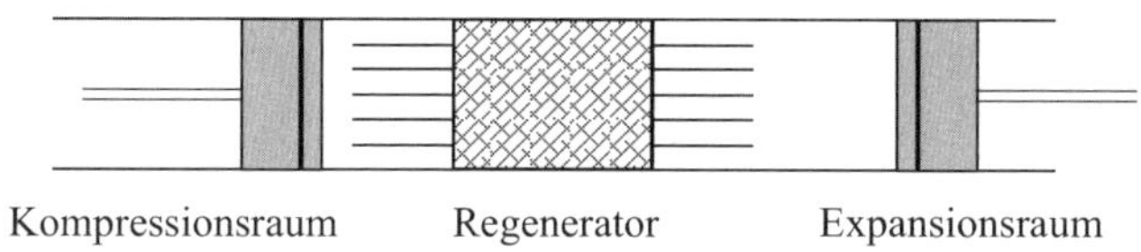

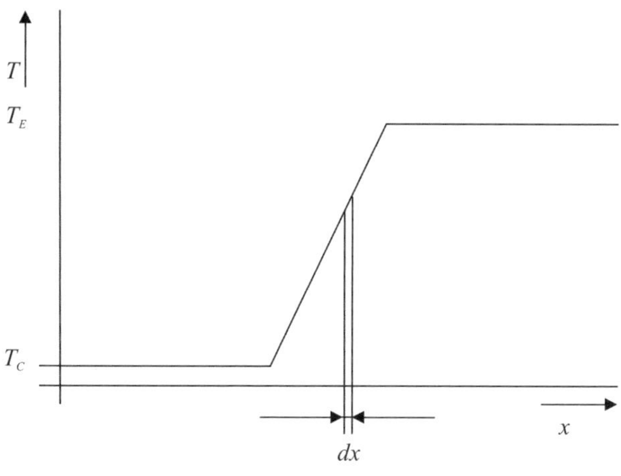

Bild 7.1 Regenerator-Temperaturprofil

Für die Gasmasse im Regenerator gilt allgemein:

$$m_R = \int_0^{L_R} \rho \cdot dV_R = \int_0^{L_R} \frac{p}{RT} \cdot dV_R$$

V_R Gasvolumen des Regenerators
L_R Länge des Regenerators
ρ Gasdichte im Regenerator

Der Druck ist über die Länge des Regenerators konstant, die Dichte ist damit nur eine Funktion der Temperatur.

$$m_R = \frac{p}{R} \int_0^{L_R} \frac{1}{T} \cdot dV_R$$

Für das angenommene lineare Temperaturprofil lässt sich schreiben:

$$T = \frac{(T_E - T_C)}{L_R} \cdot x + T_C$$

In das Integral eingesetzt, folgt:

$$m_R = \frac{p}{R} \int_0^{L_R} \frac{1}{\frac{(T_E - T_C)}{L_R} \cdot x + T_C} \cdot dV_R$$

Das Volumenelement dV_R lässt sich durch A_R dx ersetzen (A_R ist dabei die Gasdurchlassfläche des Regenerators):

$$m_R = \frac{p}{R} \int_0^{L_R} \frac{1}{\frac{(T_E - T_C)}{L_R} \cdot x + T_C} \cdot A_R \cdot dx$$

Die Fläche A_R kann wiederum wie folgt ersetzt werden:

$$A_R = \frac{V_R}{L_R}$$

$$m_R = \frac{p \cdot V_R}{R} \int_0^{L_R} \frac{1}{(T_E - T_C) \cdot x + T_C \cdot L_R} \cdot dx$$

$$m_R = \frac{p \cdot V_R}{R \cdot (T_E - T_C)} \int_0^{L_R} \frac{1}{x + \frac{T_C \cdot L_R}{T_E - T_C}} \cdot dx$$

Substitution:

$$u = x + \frac{T_C \cdot L_R}{T_E - T_C}$$

$$\frac{du}{dx} = 1$$

$$m_R = \frac{p \cdot V_R}{R \cdot (T_E - T_C)} \int_0^{L_R} \frac{1}{u} \cdot du$$

$$m_R = \frac{p \cdot V_R}{R \cdot (T_E - T_C)} \ln[u]_0^{L_R}$$

Rücksubstitution:

$$m_R = \frac{p \cdot V_R}{R \cdot (T_E - T_C)} \cdot \ln\left(\frac{L_R + \frac{T_C \cdot L_R}{T_E - T_C}}{\frac{T_c \cdot L_R}{T_E - T_C}} \right)$$

L_R herausgekürzt erhält man:

$$m_R = \frac{p \cdot V_R}{R \cdot (T_E - T_C)} \cdot \ln\left(\frac{\frac{T_E - T_C}{T_E - T_C} + \frac{T_C}{T_E - T_C}}{\frac{T_c}{T_E - T_C}} \right)$$

Man erhält so die Gasmasse des Regenerators:

$$m_R = \frac{p \cdot V_R}{R \cdot (T_E - T_C)} \cdot \ln\left(\frac{T_E}{T_C} \right)$$

Der Ersatzraum gleichen Gasvolumens besitzt somit die homogene „effektive" Temperatur T_R:

$$m_R = \frac{p \cdot V_R}{R \cdot T_R} = \frac{p \cdot V_R}{R \cdot (T_E - T_C)} \cdot \ln\left(\frac{T_E}{T_C} \right)$$

$\Rightarrow$

$$T_R = \frac{T_E - T_C}{\ln\left(\frac{T_E}{T_C} \right)}$$

Mit dieser Temperatur lässt sich nun die eigentliche Schmidt-Analyse übersichtlich aufbauen [41].

7.1.5 Druck als Funktion des Kurbelwinkels

Für die Masse des Arbeitsfluids in der gesamten Maschine gilt nach der allgemeinen Gasgleichung:

$$m = \sum m_i = m_E + m_D + m_C$$

$$m = \frac{p}{R} \cdot \left[\frac{V_E}{T_E} + \frac{V_D}{T_D} + \frac{V_C}{T_C} \right]$$

Diese Gleichung enthält die Information, dass die Zustandsänderungen als isotherm angenommen werden – ebenso, dass der Druck in der ganzen Maschine gleich ist.

Um die folgenden Umformungen übersichtlicher zu gestalten, werden zunächst einige Größen definiert:

$t = \frac{T_C}{T_E}$ Temperaturverhältnis

$v = \frac{V_{HC}}{V_{HE}}$ Hubvolumenverhältnis

$s = \frac{V_D}{V_{HE}} \cdot \frac{T_C}{T_D}$ reduzierter Totraum

Es lässt sich dann vereinfacht schreiben:

$$m = \frac{p}{R \cdot T_C} \cdot \left[t \cdot V_E + V_C + V_D \cdot \frac{T_C}{T_D} \right]$$

An dieser Stelle werden die zuvor definierten Volumenfunktionen eingesetzt.

$$m = \frac{p \cdot V_{HE}}{R \cdot T_C} \cdot \left[\frac{t}{2} \cdot [1 - \cos\alpha] + \frac{v}{2} \cdot [1 - \cos(\alpha - \varphi)] + \frac{V_D}{V_{HE}} \cdot \frac{T_C}{T_D} \right]$$

$$m = \frac{p \cdot V_{HE}}{2 \cdot R \cdot T_C} \cdot [t + v + 2 \cdot s - t \cdot \cos\alpha - v \cdot \cos(\alpha - \varphi)]$$

Mit $B = t + v + 2 \cdot s$ lässt sich weiter vereinfachen:

$$m = \frac{p \cdot V_{HE}}{2 \cdot R \cdot T_C} \cdot [B - t \cdot \cos\alpha - v \cdot \cos(\alpha - \varphi)]$$

$$m = \frac{p \cdot V_{HE}}{2 \cdot R \cdot T_C} \cdot [B - \{t \cdot \cos\alpha + v \cdot \cos(\alpha - \varphi)\}]$$

Die beiden Winkelfunktionen dieser Gleichung lassen sich durch geometrische Addition zusammenfassen. Hierzu wird der Ansatz

$$m = \frac{p \cdot V_{HE}}{2 \cdot R \cdot T_C} \cdot [B - A \cdot \cos(\alpha - \delta)]$$

gemacht.

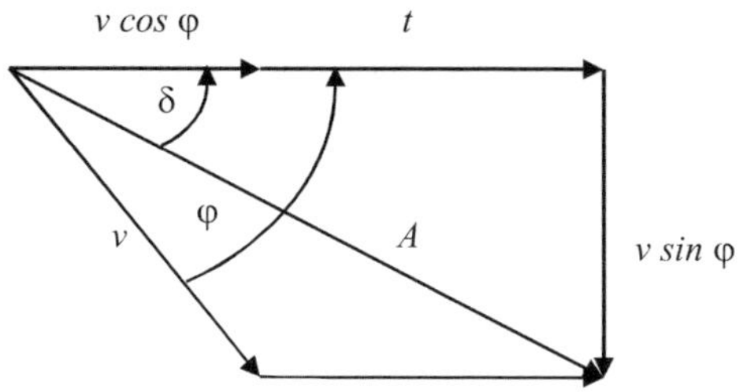

Bild 7.2 Vektor-Diagramm zur Schmidt-Analyse für α-Maschinen

$$\delta = atn\left(\frac{v \cdot \sin\varphi}{t + v \cdot \cos\varphi}\right) \pm (0;\pi;2\pi;3\pi;....)$$

$$A = \sqrt{(t + v \cdot \cos\varphi)^2 + (v \cdot \sin\varphi)^2}$$

$$A = \sqrt{t^2 + 2 \cdot t \cdot v \cdot \cos\varphi + v^2}$$

Bitte beachten Sie, dass aufgrund der π-Periodizität (180°-Periodiziät) der Tangensfunktion die Umkehrfunktion, die Arcustangensfunktion, kein eindeutiges Ergebnis liefert; siehe hierzu Bild 7.3.

Periodizität der Tangensfunktion

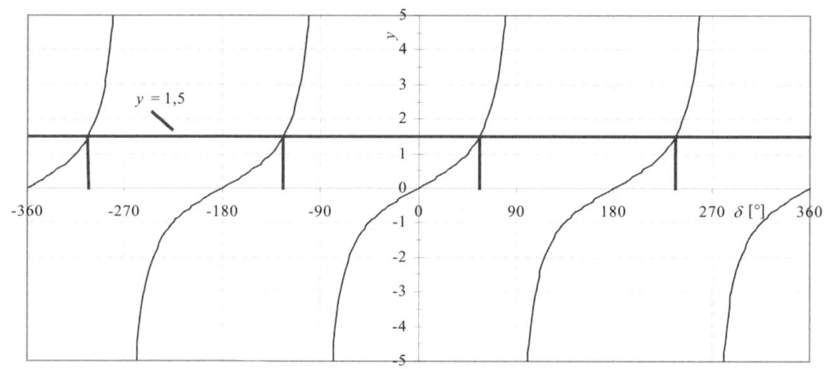

Die Arcustangensfunktion hat viele Lösungen: siehe hier $y = 1{,}5$

Bild 7.3 Die Periodizität der Tangensfunktion

Ein Rechner liefert bei der Arcustangensfunktion für den Bereich $-\pi/2 < \delta < \pi/2$ (bzw. $-90° < \delta < 90°$) korrekte Ergebnisse. Für den relevanten Bereich von $0 < \delta < \pi$ (bzw. $0° < \delta < 180°$) muss dem Ergebnis von δ unter Umständen π (bzw. 180°) addiert werden (oder das Vorzeichen von A gedreht werden).

Als Kriterium dafür, wann diese Korrektur erforderlich ist, kann das Vorzeichen des Ausdrucks $t + v \cdot \cos\varphi$ benutzt werden. Wird dieses negativ, muss eine Drehung des Vorzeichens vorgenommen werden.

$$m = \frac{p \cdot V_{HE}}{2 \cdot R \cdot T_C} \cdot [B - A \cdot \cos(\alpha - \delta)]$$

$$p = \frac{2 \cdot m \cdot R \cdot T_C}{V_{HE} \cdot [B - A \cdot \cos(\alpha - \delta)]}$$

A und *B* zu *c* zusammengefasst ergibt:

$$c = \frac{A}{B}$$

$$p = \frac{2 \cdot m \cdot R \cdot T_C}{V_{HE} \cdot B[1 - c \cdot \cos(\alpha - \delta)]}$$

Die Integration des Drucks über dem Kurbelwinkel liefert den arithmetischen Mittelwert des Drucks:

$$p_m = \frac{1}{2\pi} \int_0^{2\pi} \frac{2 \cdot m \cdot R \cdot T_C}{V_{HE} \cdot B[1 - c \cdot \cos(\alpha - \delta)]} d\alpha$$

Nach Urieli [41] folgt als Lösung des Integrals:

$$p_m = \frac{2 \cdot m \cdot R \cdot T_C}{V_{HE} \cdot B\sqrt{1 - c^2}}$$

Man erhält schließlich den Druck als übersichtliche Funktion des Kurbelwinkels:

$$p = \frac{p_m \cdot \sqrt{1 - c^2}}{1 - c \cdot \cos(\alpha - \delta)}$$

Mit dieser Gleichung kann bereits ein *p*-*V*-Diagramm erstellt werden.

7.1.6 Arbeit und Leistung

Ohne Herleitung sei noch die Formel zur Berechnung der indizierten Arbeit angegeben [15]: (Sie gilt für alle drei Maschinenarten, α-, β- und γ-Maschinen.)

$$W_{Schmidt} = \frac{p_m \cdot V_{HE} \cdot \pi \cdot c \cdot [t - 1] \cdot \sin\delta}{1 + \sqrt{1 - c^2}}$$

Das Vorzeichen ist hier abweichend von der allgemeinen Literatur zur Schmidt-Analyse so, dass abgegebene Arbeit negativ, aufgenommene positiv erscheint. Diese Darstellung ist mit dem 1. Hauptsatz der Thermodynamik konform.

Die Leistung folgt durch Multiplikation mit der Drehzahl:

$$P = W \cdot n$$

Ein Faktor 0,5, wie er beim 4-Takt-Otto- oder Dieselmotor verwendet wird, ist hier nicht notwendig, da beim Stirlingmotor ein Arbeitsspiel mit einer Umdrehung identisch ist.

7.1.7 Extremdrücke

Betrachtet man die Druckfunktion

$$p = \frac{p_m \cdot \sqrt{1-c^2}}{1 - c \cdot \cos(\alpha - \delta)}$$

genauer, so sieht man, dass die Extremdrücke für $\cos(\alpha-\delta) = 1$ bzw. $\cos(\alpha-\delta) = -1$ erreicht werden.

$$p_{\max} = p_m \frac{\sqrt{1-c^2}}{1-c} = p_m \frac{\sqrt{(1+c)\cdot(1-c)}}{1-c} = p_m \frac{\sqrt{1+c}}{\sqrt{1-c}}$$

$$p_{\min} = p_m \frac{\sqrt{1-c^2}}{1+c} = p_m \frac{\sqrt{(1+c)\cdot(1-c)}}{1+c} = p_m \frac{\sqrt{1-c}}{\sqrt{1+c}}$$

$$p_{\max} = p_m \sqrt{\frac{1+c}{1-c}}$$

$$p_{\min} = p_m \sqrt{\frac{1-c}{1+c}}$$

7.1.8 Beispielrechnung

Zur einfachen zahlenmäßigen Durchführung der Schmidt-Analyse wurde eine EXCEL-Arbeitsmappe erstellt.

- Druck und Volumina wurden als Funktion des Kurbelwinkels errechnet und der Druck über dem Volumen im Diagramm dargestellt. Der Kurbelwinkel wurde in 15°-Schritten gestuft, womit sich 24 Stützstellen für das Diagramm ergeben.
- Die Korrektur der Arcustangensfunktion wurde automatisiert.
- Die Totvolumina erscheinen bei der Darstellung der p-V-Diagramme nur in dem Diagramm für das Gesamtvolumen, nicht in den Diagrammen für Expansions- und Kompressionsvolumen.

Unabhängige Maschinendaten		
VHE	1,000E-03	m^3
VHC	1,000E-03	m^3
VDE	3,000E-04	m^3
VDC	1,000E-04	m^3
VR	3,000E-04	m^3
ϑe	600,0	°C
ϑc	30,0	°C
φ	90,0	°
pm	1,0	bar

Abhängige Maschinendaten			Hilfsgrößen		
T_E	873	K	*t*	0,347079038	1
T_C	303	K	T_D	568,816921228	K
φ	1,5707964	rad	V_D	0,000700000	m^3
			v	1,000000000	1
			s	0,372879203	1
			a	1,058519647	1
			b	2,092837443	1
			c	0,505782066	1
			TR	538,649138667	K
			delta	1,236726088	rad

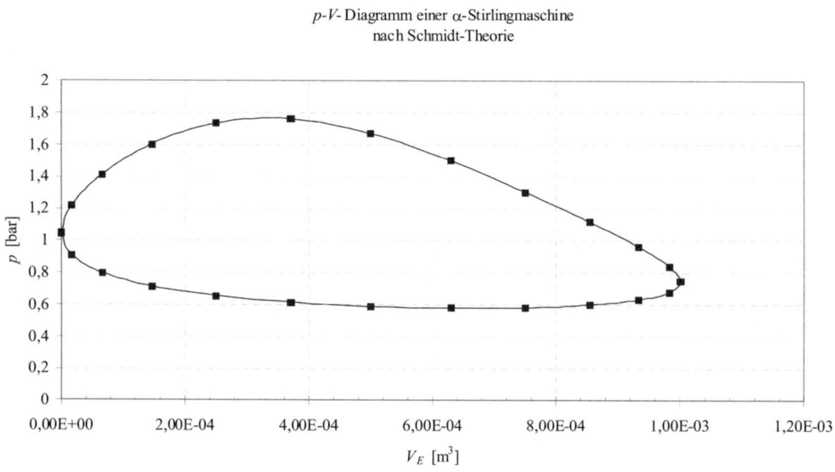

Bild 7.4 Beispiel-*p*-*V*-Diagramm des Expansionsraumes

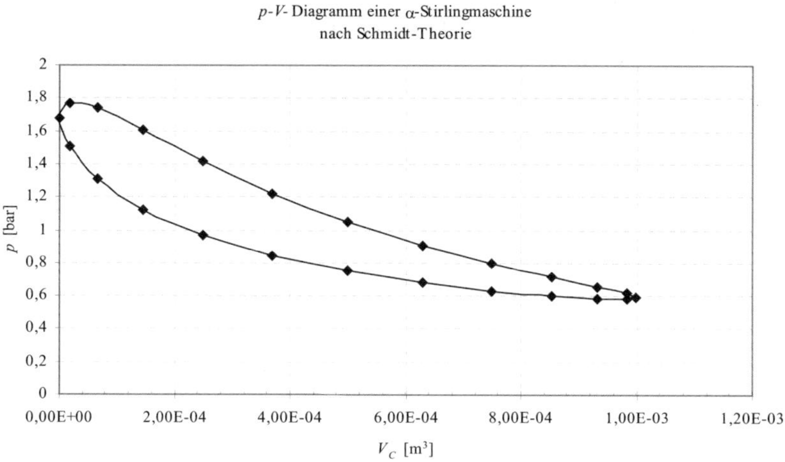

Bild 7.5 Beispiel-*p*-*V*-Diagramm des Kompressionsraumes

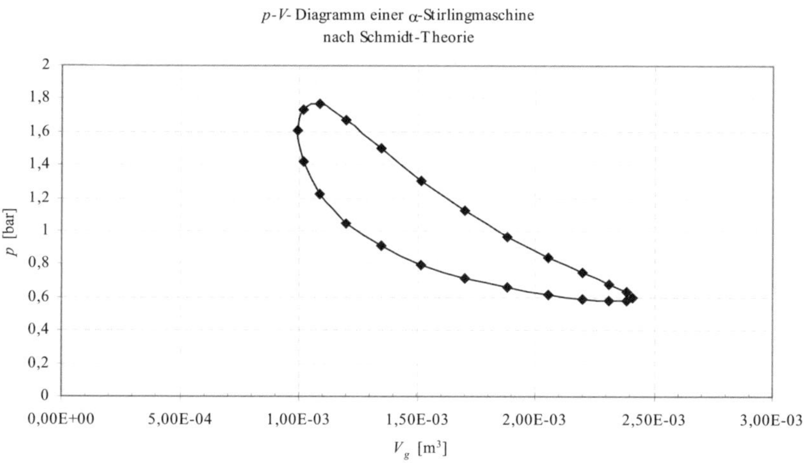

Bild 7.6 Beispiel-*p*-*V*-Diagramm des Gesamtvolumens

W_E	–81,6	J
W_C	28,3	J
W_g	–53,3	J
p_{max}	1,76	bar
p_{min}	0,580	bar
Δp	118	kPa

7.2 Schmidt-Analyse für γ-Maschine

Der einzige Unterschied für diese Maschine gegenüber der α-Maschine besteht (bezüglich der Schmidt-Theorie) in der unterschiedlichen Arbeitsraumbildung.

Der Kompressionsraum wird bei diesem Maschinentyp sowohl durch die Verdrängerkolbenposition wie auch durch die Arbeitskolbenposition bestimmt.

Für die folgenden Darstellungen gelte die Definition:

- Arbeitshubvolumen = Kompressionshubvolumen
- Verdrängerhubvolumen = Expansionshubvolumen

Die Volumenfunktionen lauten für diese Maschine:

$$V_E = \frac{V_{HE}}{2} \cdot [1 - \cos\alpha]$$

$$V_C = \frac{V_{HE}}{2} \cdot [1 + \cos\alpha] + \frac{V_{HC}}{2} \cdot [1 - \cos(\alpha - \varphi)]$$

[15]

Bitte beachten Sie die Vorzeichen! Das Volumen im Arbeitszylinder eilt dem Expanisonsvolumen um den Winkel φ nach.

Die Massenbilanz wird damit analog aufgestellt:

$$m = \frac{p}{R \cdot T_C} \cdot \left[t \cdot V_E + V_C + V_D \cdot \frac{T_C}{T_D} \right]$$

$$m = \frac{p \cdot V_{HE}}{R \cdot T_C} \cdot \left[\frac{t}{2} \cdot [1 - \cos\alpha] + \frac{1}{2} \cdot [1 + \cos\alpha] + \frac{v}{2} \cdot [1 - \cos(\alpha - \varphi)] + \frac{V_D}{V_{HE}} \cdot \frac{T_C}{T_D} \right]$$

$$m = \frac{p \cdot V_{HE}}{2 \cdot R \cdot T_C} \cdot [t + 1 + v + 2 \cdot s + (1 - t) \cdot \cos\alpha - v \cdot \cos(\alpha - \varphi)]$$

Die Konstante B weicht etwas von der der α-Maschine ab:

$$B = t + 1 + v + 2 \cdot s$$

$$m = \frac{p \cdot V_{HE}}{2 \cdot R \cdot T_C} \cdot [B - (t - 1) \cdot \cos\alpha - v \cdot \cos(\alpha - \varphi)]$$

$$m = \frac{p \cdot V_{HE}}{2 \cdot R \cdot T_C} \cdot [B - \{(t - 1)\cos\alpha + v \cdot \cos(\alpha - \varphi)\}]$$

Der Ansatz für die Vereinfachung der Winkelfunktion ist wieder gleich:

$$m = \frac{p \cdot V_{HE}}{2 \cdot R \cdot T_C} \cdot [B - A \cdot \cos(\alpha - \delta)]$$

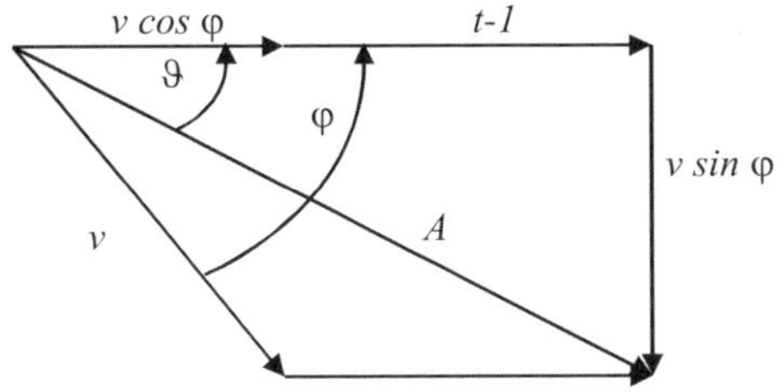

Bild 7.7 Vektordiagramm zur Schmidt-Analyse der γ-Maschine

$$\delta = atn\left(\frac{v \cdot \sin\varphi}{t - 1 + v \cdot \cos\varphi}\right) \pm (0; \pi; 2\pi; 3\pi; ....)$$

Für $\varphi = 90°$ ist das Vorzeichen des Nenners immer negativ, da t stets kleiner eins ist. Die erwähnte Korrektur des Rechnerwertes für den Arcustangens ist zwingend notwendig.

$$A = \sqrt{(t - 1 + v \cdot \cos\varphi)^2 + (v \cdot \sin\varphi)^2}$$
$$A = \sqrt{t^2 - 2 \cdot t + 1 + 2 \cdot (t-1) \cdot v \cdot \cos\varphi + v^2}$$

Mit diesen Konstanten können nun wieder identisch wie für die α-Maschine das *p-V*-Diagramm, die Arbeiten und die Drücke bestimmt werden.

7.3 Schmidt-Analyse für β-Maschine

Die β-Maschine unterscheidet sich bezüglich der folgenden Analyse von der γ-Maschine nur darin, dass sich die Hübe von Verdränger und Arbeitskolben überlappen. Dies ist bei dem Ansatz für die Beschreibung des Kompressionsraumes zu beachten.

Durch die Überlappung der Hübe gelingt es, das Kompressionsvolumen für einen bestimmten Kurbelwinkel zu null werden zu lassen – auch dann, wenn die beiden Kolbenbewegungen einander um 90° phasenverschoben sind.

Der Ansatz

$$V_C = \frac{V_{HE}}{2} \cdot [1 + \cos\alpha] + \frac{V_{HC}}{2} \cdot [1 - \cos(\alpha - \varphi)]$$

beschreibt das Kompressionsvolumen für nichtüberlappende Hübe.

Durch Subtraktion eines – noch zu ermittelnden – Überlappungsvolumens V_B auf der rechten Gleichungsseite erhält man die korrekte Volumenfunktion der β-Maschine.

$$V_E = \frac{V_{HE}}{2} \cdot [1 - \cos\alpha]$$
$$V_C = \frac{V_{HE}}{2} \cdot [1 + \cos\alpha] + \frac{V_{HC}}{2} \cdot [1 - \cos(\alpha - \varphi)] - V_B$$

[15]

7.3.1 Ermittlung des Überlappungsvolumens

Die Gleichung

$$V_C = \frac{V_{HE}}{2} \cdot [1 + \cos\alpha] + \frac{V_{HC}}{2} \cdot [1 - \cos(\alpha - \varphi)] - V_B$$

beschreibt das Kompressionsvolumen als Funktion des Kurbelwinkels.

$$V_C = \frac{V_{HE} + V_{HC}}{2} + \frac{V_{HE}}{2} \cdot \cos\alpha - \frac{V_{HC}}{2} \cdot \cos(\alpha - \varphi) - V_B$$

Die beiden Kosinusfunktionen lassen sich durch geometrische Addition zusammenfassen. Hierzu dient der Ansatz:

$$V_C = \frac{V_{HE} + V_{HC}}{2} + \mathrm{D} \cdot \cos(\alpha - \nu) - V_B$$

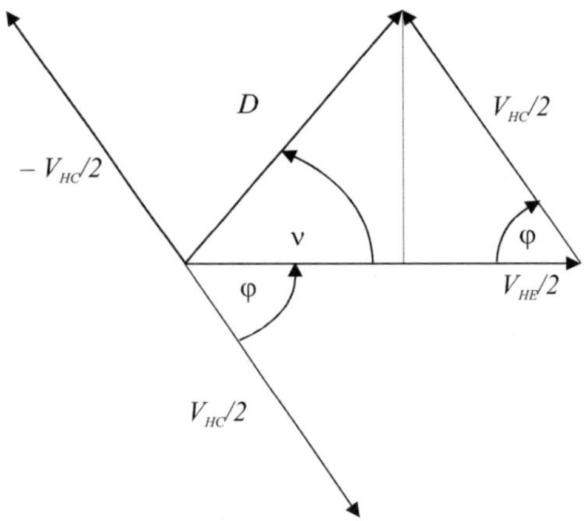

Bild 7.8 Vektordiagramm zur Bestimmung des Überlappungsvolumens

Man erhält die Form:

$$V_C = \frac{V_{HE} + V_{HC}}{2} + \sqrt{\left(\frac{V_{HC}}{2}\sin\varphi\right)^2 + \left(\frac{V_{HE}}{2} - \frac{V_{HC}}{2}\cos\varphi\right)^2} \cdot \cos(\alpha - \nu) - V_B$$

$$\nu = atn \frac{V_{HC} \sin\varphi}{V_{HE} - V_{HC} \cos\varphi}$$

Es wird nun die Gleichung für das Kompressionsvolumen zu null gesetzt, d. h. der Fall angenommen, dass sich die beiden Kolben quasi berühren.

Der Winkel α, bei dem dies geschieht, muss nicht ermittelt werden. Es genügt zu sehen, dass das Kompressionsvolumen minimal wird, wenn $\cos(\alpha - \nu) = -1$ wird. Das Überlappungsvolumen V_B muss nun so groß sein, dass das Kompressionsvolumen V_C für den oben erwähnten Winkel α gerade zu null wird.

Es ergibt sich damit folgendes Überlappungsvolumen:

$$0 = \frac{V_{HE} + V_{HC}}{2} + \sqrt{\left(\frac{V_{HC}}{2}\sin\varphi\right)^2 + \left(\frac{V_{HE}}{2} - \frac{V_{HC}}{2}\cos\varphi\right)^2} \cdot (-1) - V_B$$

$$V_B = \frac{V_{HE} + V_{HC}}{2} - \sqrt{\left(\frac{V_{HC}}{2}\sin\varphi\right)^2 + \left(\frac{V_{HE}}{2} - \frac{V_{HC}}{2}\cos\varphi\right)^2}$$

$$V_B = \frac{V_{HE} + V_{HC}}{2} - \sqrt{\frac{V_{HC}^2}{4}\sin^2\varphi + \frac{V_{HE}^2}{4} - \frac{V_{HC} \cdot V_{HE}}{2}\cos\varphi + \frac{V_{HC}^2}{4}\cos^2\varphi}$$

$$V_B = \frac{V_{HE} + V_{HC}}{2} - \sqrt{\frac{V_{HC}^2 + V_{HE}^2}{4} - \frac{V_{HC} \cdot V_{HE}}{2}\cos\varphi}$$

Damit ergibt sich nun folgende Form der Schmidt-Analyse:

$$m = \frac{p}{R \cdot T_C} \cdot \left[t \cdot V_E + V_C + V_D \cdot \frac{T_C}{T_D}\right]$$

$$m = \frac{p \cdot V_{HE}}{R \cdot T_C} \cdot \left[\frac{t}{2} \cdot [1 - \cos\alpha] + \frac{1}{2} \cdot [1 + \cos\alpha] + \frac{v}{2} \cdot [1 - \cos(\alpha - \varphi)] + \frac{V_D}{V_{he}} \cdot \frac{T_C}{T_D} - \frac{V_B}{V_{HE}}\right]$$

$$m = \frac{p \cdot V_{HE}}{2 \cdot R \cdot T_C} \cdot \left[t + 1 + v + 2 \cdot s + (1 - t) \cdot \cos\alpha - v \cdot \cos(\alpha - \varphi) - 2 \cdot \frac{V_B}{V_{HE}}\right]$$

Definiert man $X_B = \frac{V_B}{V_{HE}}$, lässt sich vereinfachen:

$$m = \frac{p \cdot V_{HE}}{2 \cdot R \cdot T_C} \cdot [t + 1 + v + 2 \cdot s + (1 - t) \cdot \cos\alpha - v \cdot \cos(\alpha - \varphi) - 2 \cdot X_B]$$

$$B = t + 1 + v + 2 \cdot s - 2 \cdot X_B$$

$$m = \frac{p \cdot V_{HE}}{2 \cdot R \cdot T_C} \cdot [B - (t - 1) \cdot \cos\alpha - v \cdot \cos(\alpha - \varphi)]$$

$$m = \frac{p \cdot V_{HE}}{2 \cdot R \cdot T_C} \cdot [B - \{(t - 1)\cos\alpha + v \cdot \cos(\alpha - \varphi)\}]$$

Die Winkelfunktionen werden wieder wie gewohnt zusammengefasst:

$$m = \frac{p \cdot V_{HE}}{2 \cdot R \cdot T_C} \cdot [B - A \cdot \cos(\alpha - \delta)]$$ und man erhält:

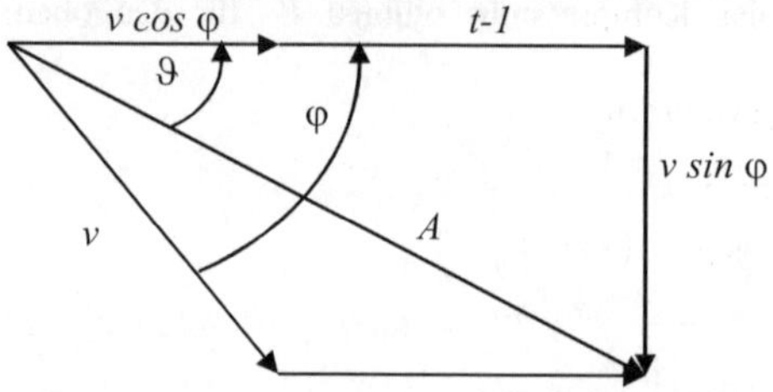

Bild 7.9 Vektordiagramm zur Schmidt-Analyse von β-Maschinen

$$\delta = atn\left(\frac{v \cdot \sin\varphi}{t - 1 + v \cdot \cos\varphi}\right) \pm (0; \pi; 2\pi; 3\pi; ....)$$

$$A = \sqrt{(t - 1 + v \cdot \cos\varphi)^2 + (v \cdot \sin\varphi)^2}$$

$$A = \sqrt{t^2 - 2 \cdot t + 1 + 2 \cdot (t - 1) \cdot v \cdot \cos\varphi + v^2}$$

Mit diesen Konstanten können nun wieder identisch wie für die α- oder γ-Maschine das *p*-*V*-Diagramm, die Arbeiten und die Drücke bestimmt werden.

8 Auslegungsdiagramme

Für die Neugestaltung einer Maschine ist es sehr hilfreich zu wissen, wie und in welchem Maße z. B. die Zyklus-Arbeit von verschiedenen Parametern wie Temperaturen, Verhältnis des Totvolumens zum Hubvolumen oder dem Phasenverschiebungswinkel abhängt. Mit Hilfe der Schmidt-Analyse lassen sich Tabellen bzw. Diagramme erstellen, die genau diese Abhängigkeiten sehr anschaulich wiedergeben. Aufgrund der Vielzahl von Möglichkeiten, die man bei der Neukonstruktion einer Stirlingmaschine hat, lassen sich so verschiedene Konstruktionsmerkmale und Auslegungsgrößen im Vorfeld grob festlegen.

In Anlehnung an die Darstellungen von WALKER [44] sollen hier einige wenige solcher Diagramme für die Zyklusarbeit dargestellt werden. WALKER hat sinnigerweise die Zyklusarbeit auf den Spitzendruck p_{max} und das Volumen $V_T = V_{HE} + V_{HC}$ normiert.

Für die Erstellung solcher Auslegungsdiagramme ist es zwingend notwendig, sich genau zu überlegen, auf welche Größen man die Arbeit normieren möchte. Die Normierung auf das Volumen V_T ist sinnvoll, da es die Baugröße der Maschine repräsentiert. Beim Druck sieht es etwas komplizierter aus. Für aufgeladene Maschinen sollte man auf den Maximaldruck normieren, da er durch die Festigkeit der Maschine begrenzt ist. Für Maschinen, deren Maximaldruck weit unter dem der Festigkeitsgrenze liegt (z. B. Niedertemperaturmaschinen mit Mitteldruck gleich Umgebungsdruck), erscheint eine Normierung auf den Mitteldruck sinnvoller. Wie sich die beiden Diagramme je nach Normierung auf Maximal- oder Mitteldruck unterscheiden, zeigen die folgenden Beispiele.

8.1 Normierung der Arbeit

Für die Arbeit des Schmidt-Zyklus wurde

$$W_{Schmidt} = \frac{p_m \cdot V_{HE} \cdot \pi \cdot c \cdot [t-1] \cdot \sin\delta}{1+\sqrt{1-c^2}}$$

bereits hergeleitet.

Mit der Definition des Volumens V_T:

$$V_T = V_{HE} + V_{HC} = V_{HE} \cdot (1+v)$$

folgt:

$$W_{Schmidt} = \frac{p_m \cdot V_T \cdot \pi \cdot c \cdot [t-1] \cdot \sin\delta}{1+\sqrt{1-c^2}} \cdot \frac{1}{1+v}$$

Mit dem Spitzendruck p_{max} erhält man:

$p_{\max} = p_m \sqrt{\frac{1+c}{1-c}}$ folgt:

$$W_{Schmidt} = \frac{p_{\max} \cdot V_T \cdot \pi \cdot c \cdot [t-1] \cdot \sin\delta}{1+\sqrt{1-c^2}} \cdot \frac{1}{1+v} \cdot \sqrt{\frac{1-c}{1+c}}$$

Für die auf $p_{\max}$ und V_T normierte Arbeit gilt dann:

$$\frac{W_{Schmidt}}{p_{\max} \cdot V_T} = \frac{\pi \cdot c \cdot [t-1] \cdot \sin\delta}{1+\sqrt{1-c^2}} \cdot \frac{1}{1+v} \cdot \sqrt{\frac{1-c}{1+c}}$$

Die folgenden Beispiele basieren auf dem α-Maschinentyp.

8.2 Schmidt-Arbeit als Funktion der Expansionstemperatur

Folgende Parameter werden konstant gehalten: $T_C = 300$ K, $v = 0{,}8$, $\varphi = 90$ °, $X_D = 1$

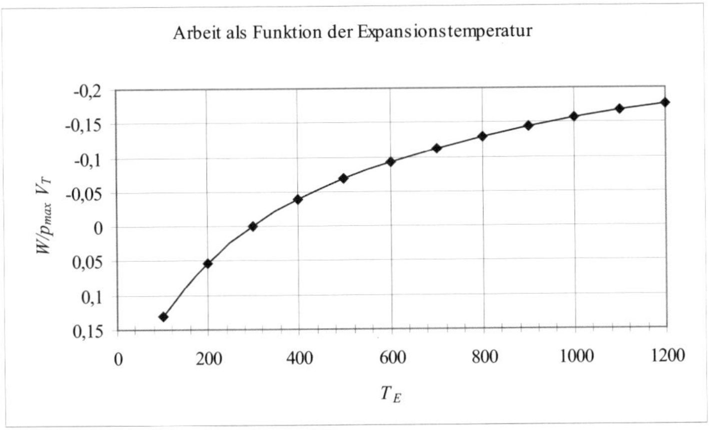

Bild 8.1 Arbeit als Funktion von T_E; normiert auf Maximaldruck

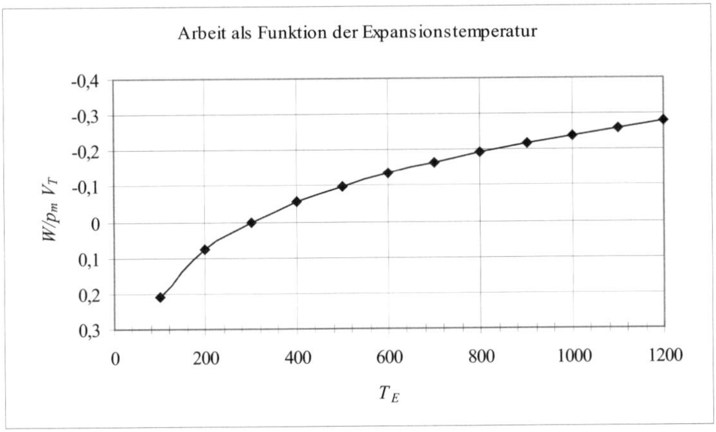

Bild 8.2 Arbeit als Funktion von T_E; normiert auf Mitteldruck

Bei $T_E < 300$ K arbeitet die Maschine als Arbeitsmaschine, d. h. als Wärmepumpe bzw. Kältemaschine.

8.3 Schmidt-Arbeit als Funktion des Totvolumens

Folgende Parameter werden konstant gehalten: $T_E = 1200$ K, $T_C = 300$ K, $v = 0{,}8$, $\varphi = 90$ °

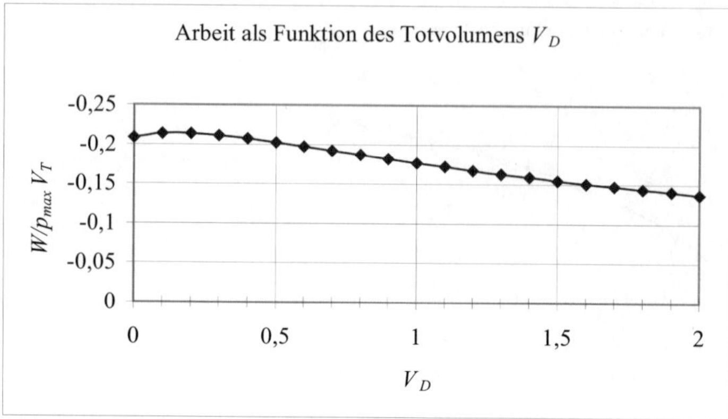

Bild 8.3 Arbeit als Funktion von V_D; normiert auf Maximaldruck

Der leichte Abfall der normierten Arbeit zu sehr kleinen Totvolumina hin dürfte eine Folge des steigenden Verdichtungsverhältnisses mit fallendem Totvolumen sein. Mit der Normierung auf den Mitteldruck verschwindet in Bild 8.4 dieser Bereich.

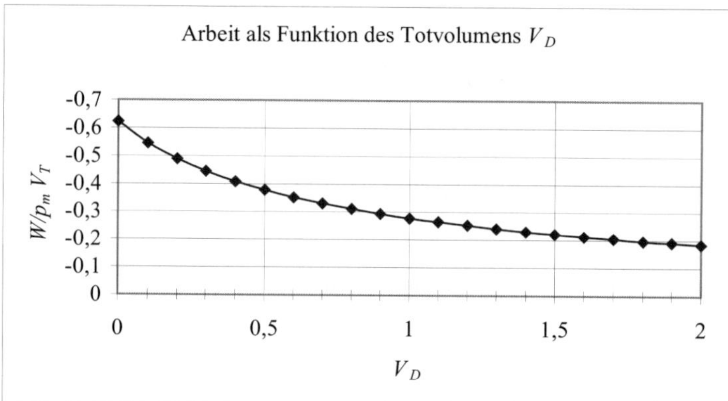

Bild 8.4 Arbeit als Funktion von V_D; normiert auf Mitteldruck

8.4 Schmidt-Arbeit als Funktion des Phasenverschiebungswinkels

Folgende Parameter werden konstant gehalten: $T_E = 1200$ K, $T_C = 300$ K, $\nu = 0{,}8$, $X_D = 1$

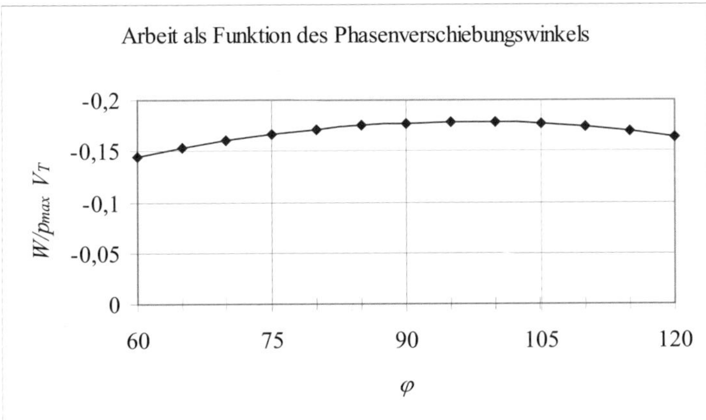

Bild 8.5 Arbeit als Funktion von φ; normiert auf Maximaldruck

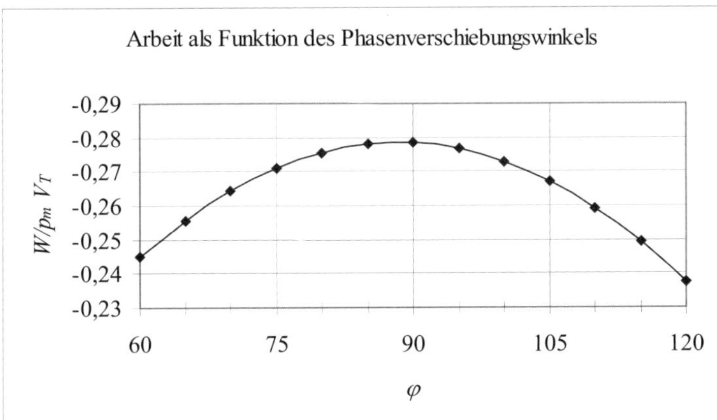

Bild 8.6 Arbeit als Funktion von φ; normiert auf Mitteldruck

9 Regeneratorberechnung

Bevor die Theorie zum Regenerator näher beschrieben wird, seien die drei Formen von Wärmeübertragern kurz differenziert:

- *Rekuperatoren*; in ihnen sind die Fluide, die ihre Wärme gegeneinander austauschen, durch eine stoffundurchlässige, aber gut wärmeleitende Wand voneinander getrennt, z. B. Heizkessel;
- *Regeneratoren;* hier wird ein und dasselbe System in zeitlicher Folge abwechselnd von dem warmen und kalten Fluid durchströmt, Anwendungsbeispiele sind neben Stirlingmaschinen Winderhitzer von Hochöfen;
- *Mischwärmeübertrager;* hier vermischen sich die beiden Wärme austauschenden Fluide auch stofflich, ein Anwendungsbeispiel sind Kühltürme [7].

Ein realer Regenerator erzeugt gegenüber einem idealen im Wesentlichen die folgenden Verluste:

- unzureichender Wärmeaustausch mit dem Arbeitsgas (kann durch den Regeneratorwirkungsgrad beschrieben werden),
- Strömungsverluste, d. h. Druckverluste beim Durchströmen der Matrix,
- Wärmeleitung innerhalb des Speichermaterials von der warmen zur kalten Seite.

Die folgenden Darstellungen beschränken sich auf den ersten und letzten Punkt.

Um die Wirkungsgraddefinition des Regenerators besser verstehen zu können, sei hier die Definition des Wirkungsgrades von *Rekuperatoren* vorweggeschickt.

Formelzeichensystematik für Rekuperatoren:

- Hochgestellter Strich entspricht Sekundärseite.
- Ohne hochgestellten Strich entspricht Primärseite.
- Index 1 entspricht Eintritt.
- Index 2 entspricht Austritt.

9.1 Der Wirkungsgrad von Rekuperatoren

Es gibt unterschiedliche Definitionen für den Wirkungsgrad von Rekuperatoren. Hier sei dieser als das Verhältnis der tatsächlich übertragenen Wärme zu der maximal übertragbaren Wärme definiert [14]. Für die erstere gilt:

$$\dot{Q} = \dot{C} \cdot [T_1 - T_2] = \dot{C}' \cdot [T_1^{'} - T_2^{'}] \quad \text{mit}$$

$$\dot{C} = \dot{m} \cdot c_p$$

$$\dot{C}' = \dot{m}' \cdot c_p^{'}$$

Die maximal übertragbare Wärme ergibt sich aus den beiden Anfangs- oder Eingangstemperaturen der Fluide und den Wärmekapazitäten dieser Fluide. Der Wärmetauscher muss für den Fall der Maximalleistung im Gegenstrom betrieben werden. Die Austauschfläche *A* sei unendlich oder wie HAUSEN [14] angibt, das Produkt aus *A* und dem Wärmeübergangskoeffizienten α sei unendlich groß. Das Fluid mit der *kleineren* Wärmekapazität bestimmt dabei die *maximale* Austauschwärme:

$$\dot{Q}_{\max} = \dot{C} \cdot [T_1 - T_1^{'}] \quad \text{für } \dot{C} < \dot{C}'$$

$$\dot{Q}_{\max} = \dot{C}' \cdot [T_1 - T_1^{'}] \quad \text{für } \dot{C} > \dot{C}'$$

Zur Vereinfachung der Schreibweise seien die Wärmekapazitätsströme künftig nur noch als *C* und *C'* bezeichnet, d. h. ohne den Punkt. Die Gleichung für den Wirkungsgrad η hängt damit von den Wärmekapazitäten der Fluide ab:

$$\eta = \frac{T_1 - T_2}{T_1 - T_1^{'}} \qquad \text{für } C < C'$$

$$\eta = \frac{C}{C'} \frac{T_1 - T_2}{T_1 - T_1^{'}} \qquad \text{für } C > C'$$

Die folgenden beiden Diagramme stellen den Temperaturverlauf längs des Strömungswegs *x* im Wärmetauscher dar – jeweils für den Fall der maximalen theoretischen Übertragungsleistung.

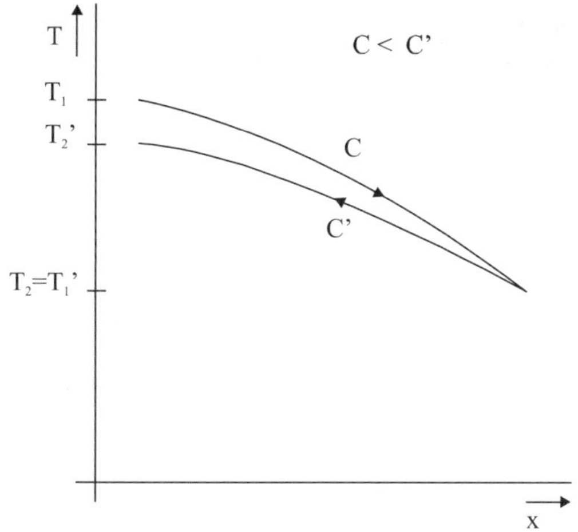

Bild 9.1 Temperaturverlauf im Wärmetauscher für *C* < *C'*

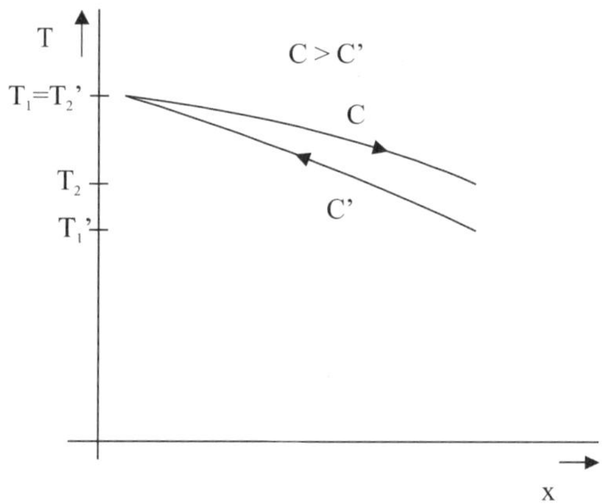

Bild 9.2 Temperaturverlauf im Wärmetauscher für *C* > *C'*

9.2 Wirkungsgrad des Regenerators

Aus der allgemeinen Definition des Wirkungsgrades von Rekuperatoren ergibt sich die Wirkungsgraddefinition für Regeneratoren.

$$\eta = \frac{T_1 - \overline{T_2}}{T_1 - T_1^{'}} \text{ [14]}$$

Für die Austrittstemperatur T_2 ist der zeitliche Mittelwert eingesetzt.
Übertragen auf die Anwendung in Stirlingmaschinen erhält man die Form:

$$\eta = \frac{T_E - T_{RC}}{T_E - T_C} \text{ bzw. } \eta = \frac{T_{RE} - T_C}{T_E - T_C}$$

Nimmt das Gas Wärme auf, so tritt es aus dem *realen* Regenerator mit einer Temperatur T_{RE} kleiner als die Erhitzertemperatur aus. Gibt das Gas Wärme an den Regenerator ab, so verlässt es im *realen* Fall den Regenerator mit einer Temperatur T_{RC}, die höher als die Kühlertemperatur ist. Das Gas tauscht dann in den Wärmetauschern der Stirlingmaschine (Erhitzer und Kühler) zusätzlich Wärme mit der Prozessumgebung aus, d. h., mit sinkendem Regeneratorwirkungsgrad sinkt auch der Gesamtwirkungsgrad. Es ergibt sich mit der durchgesetzten Masse Δm ein Wärmeverlust von:

$$Q_{\mathrm{Re}\,gV} = [T_E - T_{RE}] \cdot c_p \cdot \Delta m$$

$$Q_{\mathrm{Re}\,gV} = [T_E - T_C] \cdot [\eta_{\mathrm{Re}\,g} - 1] \cdot c_p \cdot \Delta m$$

Die Theorie zum Wärmeaustausch in Regeneratoren geht auf HAUSEN [14] zurück. Er hat den Wirkungsgrad von Regeneratoren als Funktion zweier dimensionsloser Größen beschrieben.

$$\eta_{\mathrm{Re}\,g} = f(\Lambda, \Pi)$$

Λ reduzierte Länge des Regenerators [14]
Π reduzierte Periodendauer [14]

Sie sind wie folgt definiert:

$$\Lambda = \frac{\alpha \cdot A_{Matrix}}{\dot{C}_{Gas}} = \left[\frac{\frac{W}{m^2 K} \cdot m^2}{\frac{J}{K \cdot s}} = \frac{Ws}{J} = 1 \right]$$

$$\Pi = \frac{\alpha \cdot A_{Matrix}}{C_{Matrix}} \cdot T = \left[\frac{\frac{W}{m^2 K} \cdot m^2}{\frac{J}{K}} s = \frac{Ws}{J} = 1 \right]$$

[13] [14]

Bitte beachten Sie, dass T hier keine Temperatur, sondern die Periodendauer darstellt. Für eine unendlich kurze Periodendauer Π gibt HAUSEN den einfachen Zusammenhang an:

$$\lim_{\Pi \to 0} \eta_{\mathrm{Re}\,g} = \frac{\Lambda}{\Lambda + 2} \quad [14]$$

Der Zusammenhang ist für Periodendauern Π größer null komplexer. SCHALKWIJK [13] hat aber auch dafür einen einfachen Zusammenhang gefunden.

$$\frac{T_E - T_{RE}}{T_E - T_C} = \frac{2}{2 + \Lambda - \Omega}$$

mit $\Omega = \Pi + 2 - 2{,}35 \cdot \sqrt{\Pi}$ [13]

Eine Umformung dieser Beziehung ergibt schließlich:

$$\frac{T_E - T_{RE}}{T_E - T_C} - 1 = \frac{2}{2 + \Lambda - \Omega} - 1$$

$$\frac{T_E - T_{RE} - T_E + T_C}{T_E - T_C} = \frac{2}{2 + \Lambda - \Omega} - 1$$

$$\frac{T_C - T_{RE}}{T_E - T_C} = \frac{2}{2 + \Lambda - \Omega} - 1$$

Mit der Definition des Wirkungsgrades erhält man:

$$\eta_{\mathrm{Reg}} = 1 - \frac{2}{2 + \Lambda - \Omega}$$

Ein Vergleich zeigt, dass diese Werte nach SCHALKWIJK nur für große Werte des Wirkungsgrades gut mit denen von HAUSEN übereinstimmen.

9.3 Geometrische Berechnung der Matrix

Die folgenden Berechnungen beziehen sich ausschließlich auf Regeneratoren aus geschichteten *Drahtsieben*. Zur Berechnung des Wärmeübergangskoeffizienten bzw. der Nußeltzahl in Regeneratoren existieren zahlreiche verschiedene empirische Gleichungen. Eine davon, der Ansatz nach MIYABE [25], soll hier dargestellt werden. Es erfolgt zunächst eine Berechnung der Geometrie der Drahtmatrix.

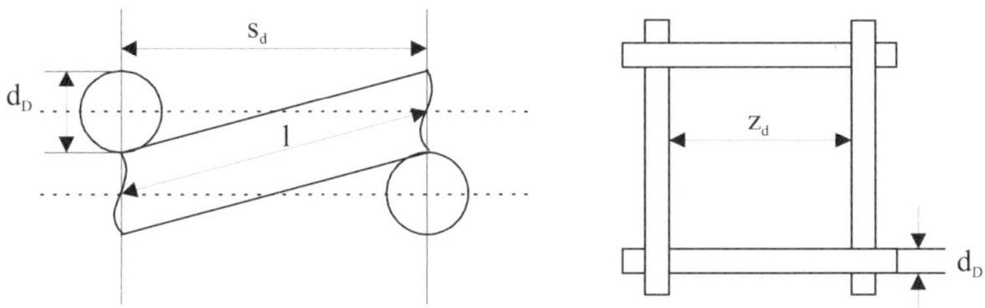

Bild 9.3 Schnitte einer Drahtsieb-Masche – vereinfacht

Bei dem Ansatz nach MIYABE [25] wird der Draht einer Masche stets als gerades Stück angenommen. Der Effekt der Biegung um den jeweils anderen Draht der Masche wird vernachlässigt. Das umschließende Volumen einer solchen Masche ergibt sich aus Grundfläche und Höhe der Masche.

$$V_{Masche} = 2 \cdot d_D \cdot s_d^2$$

Das Drahtvolumen ergibt sich einfach aus Drahtquerschnitt und -länge. Die Drahtlänge ergibt sich dabei unter der zuvor gemachten Annahme einfach nach PYTHAGORAS.

$$V_{D-Masche} = 2 \cdot \sqrt{s_d^2 + d_D^2} \cdot \frac{d_D^2 \cdot \pi}{4}$$

Der Füllfaktor sei als das Verhältnis von Drahtvolumen zu Regeneratorvolumen definiert. Dieses Verhältnis gilt für eine Masche gleichermaßen wie auch für den ganzen Regenerator.

$$FF = \frac{V_D}{V_{\mathrm{Re}\,g}} = \frac{V_{D-Masche}}{V_{Masche}}$$

Setzt man die jeweiligen Volumen ein, erhält man:

$$FF = \frac{2 \cdot \sqrt{s_d^2 + d_D^2} \cdot \frac{d_D^2 \cdot \pi}{4}}{2 \cdot d_D \cdot s_d^2}$$

$$FF = \frac{\sqrt{s_d^2 + d_D^2} \cdot d_D \cdot \pi}{4 \cdot s_d^2}$$

$$FF = \frac{d_D \cdot \pi}{4 \cdot s_d} \cdot \sqrt{1 + \frac{d_D^2}{s_d^2}}$$

Mit Hilfe dieser Gleichung lässt sich nun aus dem Füllfaktor und dem Drahtdurchmesser iterativ die Maschenteilung bestimmen.

$$s_d = \frac{d_D \cdot \pi}{4 \cdot FF} \cdot \sqrt{1 + \frac{d_D^2}{s_d^2}}$$

Eine weitere Rechnung liefert aus der Maschenteilung und dem Drahtdurchmesser die lichte Maschenweite z_d. Da diese den Gasdurchtrittsquerschnitt bestimmt, ist sie für die Bestimmung der Gasgeschwindigkeit maßgebend.

$$z_d = s_d - 2 \cdot \frac{1}{2} \cdot d_D$$

$$z_d = s_d - d_D$$

Die gesamte Wärmekapazität der Matrix lässt sich mit Hilfe dieses Füllfaktors bestimmen.

$$m_{Matrix} = V_{\mathrm{Re}\,g} \cdot FF \cdot \rho_{Matrix-Material}$$

$$C_{Matrix} = V_{\mathrm{Re}g} \cdot FF \cdot \rho_{Matrix-Material} \cdot c_{Matrix-Material}$$

Die für den Wärmeaustausch relevante Matrixoberfläche A_{Matrix} entspricht näherungsweise der Drahtoberfläche A_{D}. Näherungsweise deshalb, weil die Drähte sich an den Kreuzungsstellen überlappen und an diesen Flächen nicht die gesamte Drahtoberfläche voll wirksam am Wärmeaustausch teilnimmt. Die Drahtoberfläche einer Matrix ergibt sich aus der Drahtlänge und dem -umfang. Für die Überlappung wird ein Stück der Überlappungslänge d_{D} mit dem Umfang $d_{\mathrm{D}}\,\pi$ abgezogen.

$$A_{D-Masche} = 2 \cdot \sqrt{s_d^2 + d_D^2} \cdot \pi \cdot d_D - \pi \cdot d_D^2$$

Mit der Anzahl der Sieblagen N und der Anzahl der Maschen auf dem Regeneratorquerschnitt erhält man:

$$A_{Matrix} = N \cdot A_{D-Masche} \cdot \frac{A_{\mathrm{Re}g}}{s_d^2}$$

Die Zahl der Sieblagen N ergibt sich dabei aus der Regeneratorlänge und dem Drahtdurchmesser:

$$N = \frac{L_R}{2 \cdot d_D}$$

9.4 Wärmeübergangsrechnung

MIYABE [25] hat empirische Gleichungen für den Wärmeübergang in Drahtsiebe gefunden. Die empirische Gleichung für die Nußeltzahl lautet nach MIYABE:

$$Nu = 0{,}42 \cdot \mathrm{Re}_{dd}^{0{,}56} \quad [25]$$

Sie ist dabei in der üblichen Gestalt, aber über den Drahtdurchmesser definiert:

$$Nu = \frac{\alpha \cdot d_D}{\lambda} \quad [25]$$

Die Reynoldszahl wird ebenfalls mit dem Drahtdurchmesser gebildet.

$$\mathrm{Re}_{dd} = \frac{c \cdot \rho \cdot d_D}{\eta} \cdot \left[\frac{s_d}{z_d}\right]^2 \quad [25]$$

Mit dem Korrekturglied $\left[\frac{s_d}{z_d}\right]^2$ erhält man aus der Gasgeschwindigkeit des leeren Regeneratorgehäuses die Gasgeschwindigkeit in dem freien Querschnitt der Maschen.

Diese Formeln nach MIYABE gelten für $4 < Re_{dd} < 500$ und $0{,}04 < d_D < 0{,}508$ [25].

9.5 Wärmeleitung in der Regenerator-Matrix

Ein weiterer Wärmeverlust ergibt sich durch Wärmeleitung innerhalb des Drahtgewebes. KOH und FORTINI haben für poröse Festkörper eine effektive Wärmeleitfähigkeit bestimmt [21].

$$\frac{\lambda_{eff}}{\lambda} = \frac{1-\varepsilon}{1+11\cdot\varepsilon^2} \quad [21]$$

Der Lückgrad ε ist wie folgt definiert:

$$\varepsilon = \frac{V_{Gas}}{V_{Gas}+V_{Matrix}} \quad [21]$$

Es besteht daher zum Füllfaktor FF der Zusammenhang:

$$\varepsilon = \frac{V_{Gas}}{V_{Gas}+V_{Matrix}} = \frac{V_{Reg}-V_{Matrix}}{V_{Reg}-V_{Matrix}+V_{Matrix}}$$

$$\varepsilon = \frac{V_{Reg}-V_{Matrix}}{V_{Reg}} = 1-\frac{V_{Matrix}}{V_{Reg}} = 1-FF$$

Laut KRAUCH [21] gilt der FOURIERSCHE Ansatz für die Wärmeleitung in Festkörpern; man kommt so zu der Gleichung für den Wärmeleitverlust der Matrix:

$$\dot{Q}_{LM} = \frac{A_{Reg}}{L_R}\cdot[T_E-T_C]\cdot\frac{FF}{1+11\cdot(1-FF)^2}\cdot\lambda_{Matrix-Material}$$

Die Wärmeleitfähigkeit des Matrixmaterials ist die Standardleitfähigkeit, die man für jedes Material in entsprechenden Tabellen findet.

10 Verluste und Wirkungsgrad

Da für die Schmidt-Analyse isotherme Zustandsänderungen angenommen und auch sonst keinerlei Verluste berücksichtigt werden, entspricht der Wirkungsgrad des Schmidt-Zyklus noch dem des Idealprozesses, d. h. dem Carnotwirkungsgrad.

In realen Maschinen treten jedoch zahlreiche Verluste auf, die in der Schmidt-Analyse unberücksichtigt bleiben.

Dies sind:

- Strömungsverluste in den Wärmetauschern und dem Regenerator,
- Reibungsverluste in den mechanischen Triebwerksteilen,
- Gasleckverluste in den Dichtspalten zwischen Kolben und Zylinder bzw. Kolbenstange und Zylinder,
- Wärmeleitungsverluste vom Erhitzer zum Kühler durch die Bauteile der Maschine,
- Wärmeverluste nach außen durch Strahlung und Konvektion,
- adiabater Verlust aufgrund endlicher Wärmeübergangskoeffizienten und relativ schneller Zustandsänderungen,
- Regeneratorverluste, d.h. aufgrund eines nicht ideal wirksamen Regenerators muss zusätzlich Wärme zu- und abgeführt werden,
- Shuttle-Wärmeverluste

Diese Verluste quantitativ zu erfassen ist teilweise äußerst schwierig.

Um den Wirkungsgrad grob, aber sehr einfach abzuschätzen, schlägt WALKER vor, sich auf Erfahrungswerte realer, ähnlicher Maschinen zu stützen. Dieses Vorgehen erlaubt natürlich keine genaue Vorhersage für eine neu zu konstruierende Maschine. Realisierte Stirlingmaschinen erreichen häufig 40 bis 50% des Carnotwirkungsgrades [44]. So erreicht die V160-Maschine von United Stirling Sweden mit 33% Wirkungsgrad und $\vartheta_E = 650$ °C und $\vartheta_C = 65$ °C 51% des Carnotwirkungsgrades [40].

10.1 Shuttle-Verluste

Shuttle-Wärmeverluste entstehen durch die Auf-und-ab-Bewegung des Verdrängerkolbens (shuttle engl. = Hin- und Her-Fahren).

Längs des Verdrängerzylinders bildet sich ein Temperaturprofil mit Erhitzer- und Kühlertemperatur als Eckwerten aus. Ähnlich diesem bildet sich auch über dem Verdrängerkolben ein Temperaturprofil aus, da dieser nur über einen engen Spalt vom Zylinder getrennt ist. Bewegt sich nun der Verdränger auf und ab, so liegt im unteren Totpunkt seiner Bewegung der warme Kolben an der gekühlten Zylinderwand bzw. im OT der etwas kältere Kolben an der warmen Zylinderwand. Es strömt Wärme über den Spalt zwischen Kolben und Zylinder. Mit der oszillierenden Bewegung entsteht so schließlich ein

Wärmestrom vom Erhitzer über den Verdränger zum Kühler, der so genannte Shuttle-Wärmeverlust.

10.2 Wärmeströme

Für den Schmidt-Zyklus, der, wie erwähnt, den Carnotwirkungsgrad besitzt, lassen sich die Wärmeströme zu und von der Maschine einfach bestimmen.

Erhitzerwärme:

$$Q_E = \frac{|W|}{\eta} = \frac{|W|}{1-\frac{T_C}{T_E}} = \frac{|W|}{1-t}$$

$$Q_E = \frac{\left|\frac{p_m \cdot V_{HE} \cdot \pi \cdot c \cdot [t-1] \cdot \sin\delta}{1+\sqrt{1-c^2}}\right|}{1-t} = \frac{p_m \cdot V_{HE} \cdot \pi \cdot c \cdot \sin\delta}{1+\sqrt{1-c^2}}$$

Kühlerwärme:

$$Q_C + Q_E + W = 0$$

$$Q_C = -Q_E - W$$

$$Q_C = -\frac{p_m \cdot V_{HE} \cdot \pi \cdot c \cdot \sin\delta}{1+\sqrt{1-c^2}} - \frac{p_m \cdot V_{HE} \cdot \pi \cdot c \cdot [t-1] \cdot \sin\delta}{1+\sqrt{1-c^2}}$$

$$Q_C = -\frac{p_m \cdot V_{HE} \cdot \pi \cdot t \cdot c \cdot \sin\delta}{1+\sqrt{1-c^2}}$$

Für die Wärmeströme gilt:

$$\dot{Q}_E = Q_E \cdot n$$

$$\dot{Q}_C = Q_C \cdot n$$

Diese Wärmeströme erhöhen sich durch einen nicht idealen Regenerator, Shuttle-Wärmeverluste und Wärmeleitung in den Maschinenelementen wie z. B. im Zylinder sowie auch durch die Wärmeverluste an der Außenhaut der Maschine.

11 Leistungssteigerung und -regelung

Die Leistung eines Stirlingmotors kann durch Aufladung, d. h. durch Erhöhung des Mitteldrucks gesteigert werden.

11.1 Aufladung

Wie der Schmidt-Zyklus zeigt, ist die Arbeit eine lineare Funktion des Mitteldrucks.

$$W_{Schmidt} = \frac{p_m \cdot V_{HE} \cdot \pi \cdot c \cdot [t-1] \cdot \sin\delta}{1+\sqrt{1-c^2}}$$

Hochleistungsstirlingmotoren arbeiten deshalb mit Mitteldrücken von 10 bar bis zu 220 bar [40].

Eine Erhöhung des Mitteldrucks über Umgebungsdruck hinaus wird auch als Aufladung bezeichnet.

Mit der Aufladung steigt auch in gleichem Maße die Druckamplitude, was letztlich zur Steigerung der Arbeit führt.

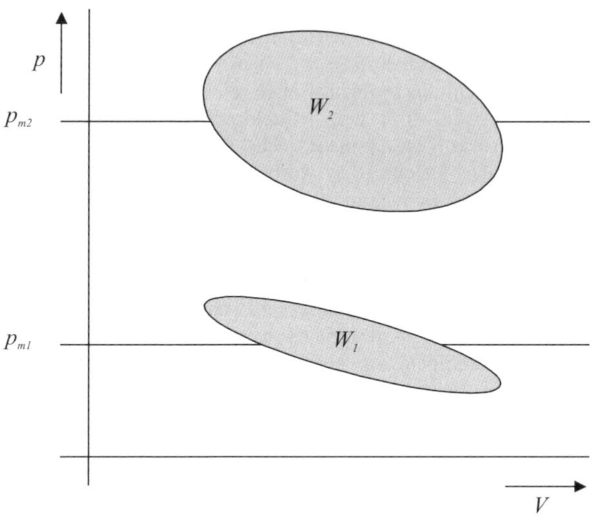

Bild 11.1 ***p-V*-Diagramm für unterschiedliche Aufladungen**

Liegt die hohe Druckdifferenz zwischen Mitteldruck und Umgebungsdruck über dem Kolben, ergibt sich jeweils eine sehr hohe Ein- bzw. Ausschubarbeit an diesem Kolben. Selbst wenn der Kreisprozess zu einer isobaren Linie zusammenschrumpfen würde (und somit jegliche Nutzarbeit verschwinden würde), bliebe für die Verdichtung bzw. Expansion immer noch eine beträchtliche Arbeitsaufnahme (siehe Bild 11.2).

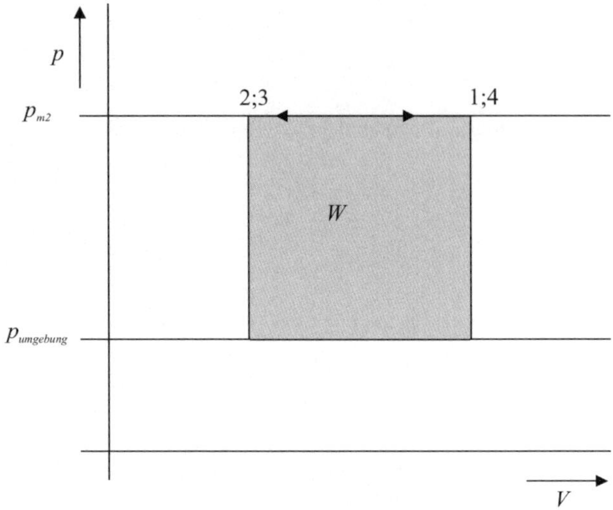

Bild 11.2 Verdichtungs- und Expansionsarbeit für Isobare

Diese wäre im Schwungrad als kinetische Energie zu speichern. Es würde ein dementsprechend großes Schwungrad erforderlich, und im Kurbeltrieb würde unnötig viel Reibarbeit entstehen, denn diese ist der übertragenen Arbeit in etwa proportional. Realisiert man aber bei aufgeladenen Maschinen auf der Kolbenrückseite einen Pufferraum, so kommt diesem neben der Verlagerung des Abdichtungsproblems auch eine thermodynamische Bedeutung zu. Da dieser Pufferraum ebenfalls mit dem Mitteldruck des Arbeitsraumes beaufschlagt ist, liegt nun die hohe Druckdifferenz nicht mehr auf der relativ großen Kolbenfläche, sondern nur noch auf der Fläche der Kolbenstange. Die Ein- bzw. Ausschubarbeiten reduzieren sich enorm. Das Schwungrad muss damit nicht unnötig groß werden; die Reibarbeit reduziert sich.

Um ein Entweichen der Gasfüllung aufgeladener Maschinen zu vermeiden, sind aufwendige Maßnahmen zur Abdichtung zu treffen. Bei den üblichen hohen Drücken würde die Konstruktion für ein druckbeaufschlagtes Kurbelgehäuse sehr schwer werden, so dass man den Arbeitsraum an den Kolbenringen bzw. Kolbenstangen zuverlässig abdichtet und somit die Konstruktion eines drucklosen Kurbelgehäuses ermöglicht. Diese Abdichtung stellt keine leichte Aufgabe dar, da die Kolben einer Stirlingmaschine trocken laufen, um eine Ölverschmutzung der Wärmetauscher in den Arbeitsräumen zu verhindern (siehe Abschnitt A.4).

Dass Niedertemperaturmaschinen, soweit dem Autor bekannt, üblicherweise ohne Aufladung ausgeführt werden, dürfte unter anderem in dem voluminösen Aufbau dieser Maschinen begründet liegen. Aufgrund der großen Außenflächen solcher Maschinen müssten diese extrem dickwandig ausgeführt werden, um einem hohen Innendruck standzuhalten.

11.2 Leistungsregelung

Die Variation der Maschinenleistung ist bei Stirlingmaschinen weit komplizierter als bei Otto- und Dieselmotoren.

Prinzipiell bieten sich hier verschiedene Verfahren [47] an:

- Variation des Mitteldruckes;
  die Maschinenleistung ist nach der Schmidt-Theorie direkt proportional zum Mitteldruck, womit dieser zur Leitungsregelung herangezogen werden kann; praktisch geschieht dies so, dass zur Reduktion der Leistung Gas über einen von der Maschine getriebenen Kompressor in eine Flasche abgepumpt wird. Bei erneuter Leistungsanforderung lässt man das Gas über ein Magnetventil in die Maschine zurückströmen; der Teillastwirkungsgrad dieser Regelung ist recht hoch; diese Art der Regelung wird beim V160 Motor von United Stirling Sweden angewandt [40].
- Kurzschlussregelung;
  über ein steuerbares Drosselventil wird ein Bypass von der Druckseite des Arbeitskolbens auf dessen Rückseite im Pufferraum freigegeben und so die Druckdifferenz unmittelbar über dem Arbeitskolben gesenkt; diese Regelung ist sehr schnell, bringt aber starke Wirkungsgradeinbußen mit sich.
- Totraumregelung;
  man schaltet dem Arbeitsraum stufenweise zusätzliche Totvolumina zu und senkt so die Druckamplituden und damit auch die Leistung.
- Hubregelung;
  sie erfordert einen Kurbeltrieb mit variablem Hub. Sie erlaubt ebenfalls gute Teillastwirkungsgrade [47] und dürfte sehr schnell sein.

12 Niedertemperaturmotoren

Auf dem Gebiet der Niedertemperaturmaschinen haben Prof. KOLIN von der Universität Zagreb in Kroatien und DR. SENFT von der Universität Wisconsin viele bedeutende Arbeiten geleistet. Letzterer hat eine Maschine gebaut, die noch mit 0,5 K Temperaturdifferenz (0,5 K!) arbeitet. Selbstverständlich leistet eine solche Maschine keine Nutzarbeit nach außen. Diese Maschine unterstreicht aber deutlich, mit welch extrem kleinen Temperaturunterschieden der Stirlingmotor noch arbeiten kann.

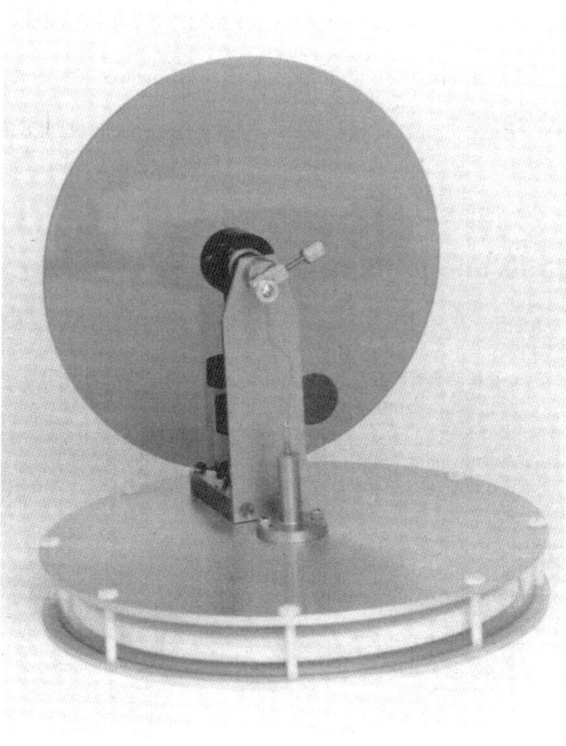

Bild 12.1 Die Niedertemperaturmaschine N-92 von Senft [32]

Prof. KOLIN hat eine *Flachplattenmaschine* gebaut, die sich durch eine diskontinuierliche Verdrängerkolbenbewegung auszeichnet.

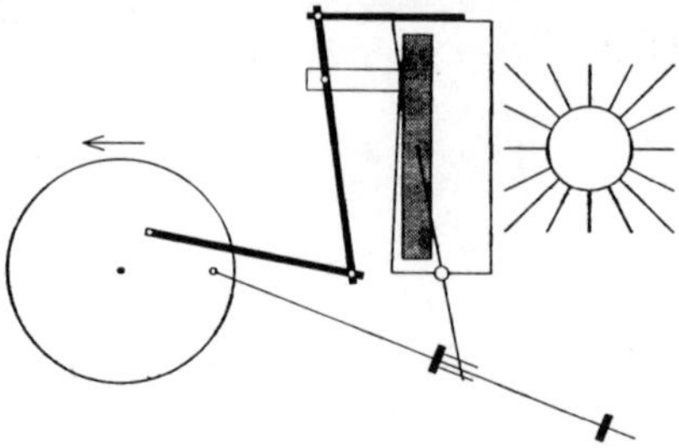

Bild 12.2 Schema der kolinschen Kolbensteuerung [2]

Die Ankopplung des Verdrängers an dessen Pleuelstange erfolgt durch eine Art „Freilauf". Die Pleuelstange macht einen weit größeren Hub als der Verdrängerkolben. Er wird in den Endbereichen der Pleuelbewegung durch deren Anschläge mitgenommen. Sie sind zur Vermeidung zu hoher Beschleunigungen und Kräfte federnd ausgeführt. Mit Hilfe dieser Kinematik wird die Verdrängerbewegung diskontinuierlich. Die Ecken des *p-V*-Diagramms werden so besser „ausgefahren".

Zu dieser Maschine bietet der Arbeitskreis Stirlingmotor der FH München [2] eine Bauanleitung an.

Eine größere Nutzarbeit liefernde Niedertemperaturmaschine wurde in Abschnitt 5.3.4 vorgestellt.

12.1 Verdichtungsverhältnis und Reibung

Dr. SENFT schreibt, dass *„ein kleines Verdichtungsverhältnis für Niedertemperatur-Stirlingmaschinen unumgänglich ist"* [32].

Die spezifische Arbeit bzw. *Literarbeit*, repräsentiert durch den indizierten Mitteldruck p_{mi} einer Niedertemperaturmaschine, liegt aufgrund der definitionsgemäß niedrigen Temperaturdifferenz sehr niedrig. Damit reagiert die effektive Arbeit an der Welle einer solchen Maschine sehr empfindlich auf Reibungsverluste in der Maschine.

Eine Optimierung der *inneren* Arbeit bzw. des inneren Wirkungsgrades ist nicht ausreichend.

Der mechanische Wirkungsgrad muss zwecks Maximierung der effektiven Arbeit bzw. zwecks Maximierung des Gesamtwirkungsgrades mit berücksichtigt werden.

Zunächst sei die Definition des mechanischen Wirkungsgrades wiedergegeben:

$$\eta_m = \frac{W_e}{W_i} = \frac{W_i - W_r}{W_i} = 1 - \frac{W_r}{W_i}$$

W_e effektive Arbeit an der Welle
W_i indizierte Arbeit
W_r Reibarbeit

Der mechanische Wirkungsgrad ist lediglich als Verhältnis der effektiven Arbeit zur inneren Arbeit definiert. Da zwischen diesen Arbeiten lediglich die Reibarbeit als Differenz liegt, könnte der vordergründige Eindruck entstehen, dass dieser Kennwert lediglich die Güte des mechanischen Triebwerks beschreibt. Dass in den mechanischen Wirkungsgrad sowohl die Reibcharakteristik des Kurbeltriebs wie auch die Art des thermodynamischen Kreisprozesses eingeht, soll im Folgenden erläutert werden.

Dass die Reibarbeit im Kurbeltrieb in etwa der übertragenen Arbeit proportional ist, zeigen die folgenden Werte von Verbrennungsmotoren.
Betrachtet man Motoren unterschiedlichster Leistungsklassen, so zeigt sich, dass diese sehr ähnliche Werte bezüglich des mechanischen Wirkungsgrads aufweisen.

Motorenart		Nenn-Drehzahl $[\mathrm{min}^{-1}]$	mech. Wirkungs-grad η_m [1]	w_e [kJ /dm^3]	D [mm]	s/D [1]
Pkw-Motor	Ottomotor	4600…7000	0,8…0,9	1,0…1,6	70…100	0,75…1,1
	Dieselmotor	4200...5000	0,8…0,9	0,75...1,06	75…100	0,9…1,1
Nfz-Motor	Saug-Diesel-motor	2000...4000	0,78...0,86	0,8	90...140	0,9...1,35
	Aufgeladener Dieselmotor	1800...2800	0,82...0,9	1,2...1,5	90...170	0,9...1,35
Mittel-schnell-läufer	Viertakt-Dieselmotor	350...750	0,86...0,92	2	240...620	1,0...1,5
Langsam-läufer	Zweitakt-Dieselmotor	58...250	0,88...0,92	1,5	260...900	2,8...3,8

Bild 12.3 Mechanische Wirkungsgrade von Verbrennungsmotoren [5]

Mit Zylinderhubvolumina von 0,2 dm^3 bis hin zu 2000 dm^3 ergeben sich effektive Arbeiten W_e von 0,2 kJ bei den Pkw-Ottomotoren bis 3000 kJ bei den Langsamläufern. Anhand dieser Werte und der Definition des mechanischen Wirkungsgrades

$$\eta_m = \frac{W_e}{W_i} = \frac{W_e}{W_e + W_r} = \frac{1}{1 + \dfrac{W_r}{W_e}}$$

kann man erkennen, dass bei Verbrennungsmotoren zwischen W_e und W_r eine starke Proportionalität besteht. Pkw-Motoren mit ihren typischen Werten der Zylinderarbeit von 0,2 kJ weisen praktisch gleiche Werte für η_m auf wie Großdieselmotoren mit Zylinderarbeiten von bis zu 3000 kJ. Während die effektiven Arbeiten mehr als *vier* Zehnerpotenzen überstreichen, ändern sich die zugehörigen mechanischen Wirkungsgrade nur um wenige Prozentpunkte. Die Proportionalität zwischen W_i und W_r ist damit in gleicher Weise gegeben.

Nun haben aber all diese Motoren in grober Näherung ähnliche Kreisprozesse mit grob ähnlichen Spitzendrücken und -temperaturen. Es stellt sich aber die Frage, ob Kolbenmaschinen mit gleich effizienten Kurbeltrieben die gleichen mechanischen Wirkungsgrade erreichen, wenn deren Prozesse sehr stark variieren. Bei Stirlingmotoren reichen die Mitteldrücke von 1 bar bis hinauf zu 220 bar und die Temperaturdifferenzen von einigen wenigen Graden bis zu etwa 650 °C. Das Verhältnis von Verdrängerhubvolumen zu

Arbeitshubvolumen erreicht Werte von 1 bis etwa 10. Die dazugehörigen *p-V*-Diagramme unterscheiden sich dementsprechend selbst *qualitativ* erheblich. Geht man nach wie vor davon aus, dass die Reibarbeit im Kurbeltrieb in etwa der bei Nennbetrieb *übertragenen* Arbeit proportional ist (der Bezug auf Nennbetrieb ist hier wichtig, da die Auslegungsarbeit die Reibung weit stärker beeinflusst als der Lastzustand des jeweiligen Betriebspunktes), so werden unterschiedliche Prozesse mit gleicher indizierter Arbeit unter Umständen sehr unterschiedliche Reibarbeiten hervorrufen.

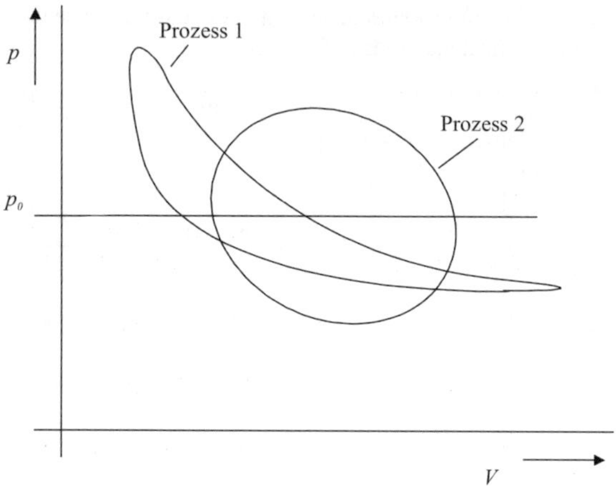

Bild 12.4 Zwei unterschiedliche Stirlingprozesse – die eingeschlossenen Flächen seien gleich

Prozess 1 in Bild 12.4 hat eine große Verdichtungsarbeit wie auch eine große Expansionsarbeit. Es wird viel Arbeit mit dem Schwungrad ausgetauscht. Prozess 2 hingegen liefert fast auf dem gesamten Umlauf Arbeit nach außen. Der Energieaustausch mit dem Schwungrad bleibt klein. So erscheint es auch naheliegend, dass Prozess 1 mehr Reibarbeit produzieren wird als Prozess 2, da ersterer insgesamt mehr Arbeit über den Kurbeltrieb überträgt. Das Verhältnis dieser so genannten *umgesetzten* Arbeit zur nutzbringenden, indizierten bzw. effektiven Arbeit ist hier im Vergleich zu Prozess 2 wesentlich ungünstiger. Die sich ergebenden mechanischen Wirkungsgrade weichen demnach auch voneinander ab. Bei Verbrennungsmotoren ist diese Differenzierung kaum notwendig, da die Prozesse, wie erwähnt, einander stets sehr ähnlich sind.

Aufgrund dieser Zusammenhänge ist auch der thermodynamisch beste Prozess (bezüglich des Wirkungsgrades), der Carnotprozess, noch in keiner Maschine verwirklicht worden [7].

Diese Überlegungen gehen auf SENFT [33][34] zurück. Er hat auch einen Weg gefunden, die Reibarbeit bzw. die effektive Arbeit quantitativ abzuschätzen. SENFT unterscheidet zwischen dem mechanischen Wirkungsgrad und der so genannten Triebwerkseffizienz. Des Weiteren wird eine weitere Größe benötigt:

W_0 sei die Arbeit, die über den Kurbeltrieb übertragen werden muss, in der indizierten Arbeit aber nicht auftaucht. Sie ist in Bild 12.5 grau schattiert.

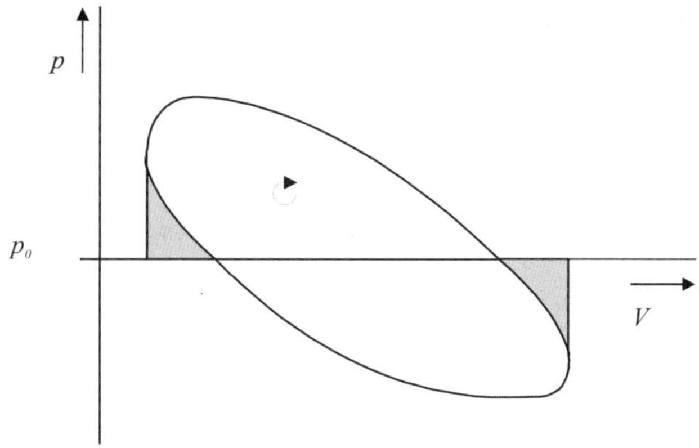

Bild 12.5 Typisches *p-V*-Diagramm einer Niedertemperaturmaschine

Während

$W_i = -\oint (p - p_0) \cdot dV$ ist,

berechnet sich diese Arbeit W_0 aus dem Integral von $-(p - p_0) \cdot dV > 0$.

Mathematisch lässt sich dieser Schritt am einfachsten wie folgt umsetzen:

$$W_0 = \oint \frac{|z| + z}{2} \quad \text{mit} \quad z = -(p - p_0) \cdot dV$$

Denn:

$$\frac{|z| + z}{2} = z \text{ für z} > 0$$

$$\frac{|z| + z}{2} = 0 \text{ für z} \leq 0$$

Wie bereits eingangs angedeutet, steigt die Sensibilität der Maschine gegenüber Reibung im Triebwerk mit dem Anwachsen dieser grauen Flächen im *p-V*-Diagramm in Bild 12.5.

12.1.1 Bestimmung der Reibarbeit

SENFT macht dabei den Ansatz, dass jede über das Triebwerk übertragene Arbeit eine ihr proportionale Reibarbeit erzeugt. Dies wird durch die wie folgt definierte Triebwerkseffizienz η_E beschrieben (sie ist nur mathematisch formell gleich dem mechanischen Wirkungsgrad, nicht aber physikalisch; der Einfachheit halber seien hier stets die Beträge der Arbeiten verwendet):

$$\eta_E = \frac{W_{Ausgang}}{W_{Eingang}} = \frac{W_{Eingang} - W_{\mathrm{Re}ib}}{W_{Eingang}} = 1 - \frac{W_{\mathrm{Re}ib}}{W_{Eingang}}$$

Für die effektive Arbeit der Stirlingmaschine gilt dann (die innere Arbeit sei hier die Arbeit des Schmidt-Zyklus):

$$W_e = W_{Schmidt} \cdot \eta_E - \left[\frac{1}{\eta_E} - \eta_E\right] \cdot W_0$$

Die Schmidt-Arbeit erscheint am Wellenende um den Faktor der Triebwerkseffizienz reduziert. Davon wird die der Arbeit W_0 zuzuschreibende Reibarbeit des Triebwerks subtrahiert. Dabei macht SENFT eine Näherung. W_0 wird vom Gas an das Schwungrad übertragen und erzeugt dabei Reibung. Auf dem Weg von Schwungrad zurück ans Gas wird abermals Reibung produziert.

$\frac{W_0}{\eta_E}$ ist dabei die Ausgangsarbeit des Gases. Im Schwungrad sei W_0 zwischengespeichert und

$W_0 \cdot \eta_E$ wird ans Arbeitsgas zurückgegeben. Die Näherung besteht darin, dass hier drei leicht voneinander abweichende Werte für die Arbeit auftreten, aber nur als ein fester Wert geführt werden. Dies erscheint aber tolerierbar, da die Werte bei hoher Triebwerkseffizienz nur gering voneinander abweichen.

Es ergibt sich die Reibarbeit zu:

$$W_r = W_{Schmidt} - W_e$$

$$W_r = W_{Schmidt} - W_{Schmidt} \cdot \eta_E + \left[\frac{1}{\eta_E} - \eta_E\right] \cdot W_0$$

$$W_r = W_{Schmidt} \cdot \left[1 - \eta_E + \left[\frac{1}{\eta_E} - \eta_E\right] \cdot \frac{W_0}{W_{Schmidt}}\right]$$

Letztlich kann man sagen, dass der mechanische Wirkungsgrad in seiner konventionellen Definition sowohl mechanische bzw. tribologische wie auch thermodynamische Charakteristiken der Maschine enthält.

In [33] gibt Dr. SENFT an, der mechanische Wirkungsgrad des Stirlingmotors sei dann und nur dann maximal, wenn das *Produkt aus Verdichtungsverhältnis und Temperaturverhältnis kleiner oder gleich eins ist.* Ausgehend von den zuvor gemachten Überlegungen kann man anhand des einfachen Idealprozesses diese Aussage begründen.

Zwecks Maximierung des mechanischen Wirkungsgrades sollten die grau dargestellten Flächen ganz verschwinden.

Dies lässt sich durch Erhöhung des Temperaturverhältnisses oder Senkung des Verdichtungsverhältnisses erreichen. Der Idealprozess lässt dies am besten erkennen.

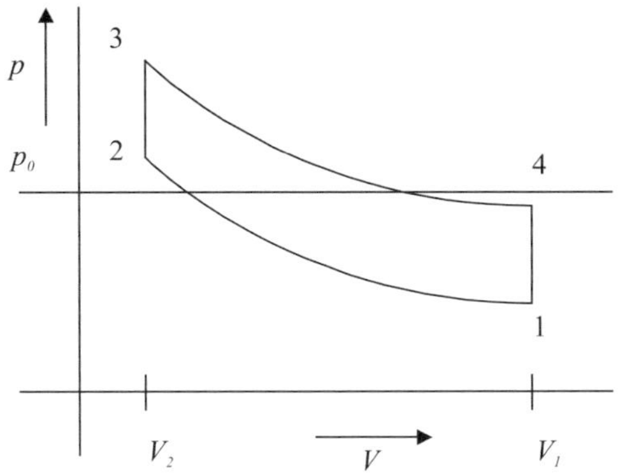

Bild 12.6 Idealprozess mit $\varepsilon t > 1$

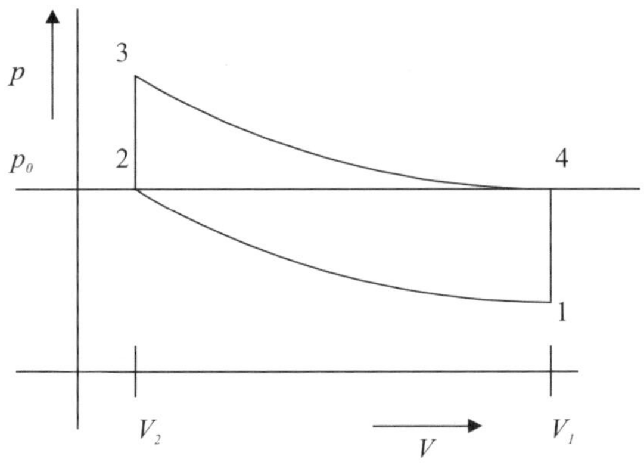

Bild 12.7 Idealprozess mit $\varepsilon t = 1$

Dass für $\varepsilon t = 1$ die beiden Drücke p_2 und p_4 gleich sind und so bei optimalem Pufferdruck (der auch gleich dem Umgebungsdruck sein kann) die Flächen der Arbeitsaufnahme verschwinden, zeigt folgende Rechnung.

Auf der oberen Isotherme gilt:

$$\frac{p_4}{p_3} = \frac{V_3}{V_4} = \frac{V_2}{V_1}$$

$$p_4 = p_3 \cdot \frac{V_2}{V_1}$$

Auf der linken Isochore gilt:

$$\frac{p_3}{p_2} = \frac{T_3}{T_2} = \frac{T_3}{T_1}$$

$$p_3 = p_2 \cdot \frac{T_3}{T_1}$$

Aus den beiden Gleichungen folgt:

$$p_4 = p_3 \cdot \frac{V_2}{V_1} = p_2 \cdot \frac{T_3}{T_1} \cdot \frac{V_2}{V_1}$$

$$p_4 = p_2 \cdot \frac{1}{t} \cdot \frac{1}{\varepsilon}$$

Soll $p_4 = p_2$ sein, so muss gelten:

$$t \cdot \varepsilon = 1$$

Damit wird die Forderung nach Verschwinden der beiden grauen Flächen erfüllt, wenn das Produkt aus Verdichtungs- und Temperaturverhältnis kleiner gleich eins ist.

Teilt man den Prozess in schmale vertikale Streifen auf, kann man für jeden Streifen jeweils einen mechanischen Wirkungsgrad bestimmen. Der mechanische Wirkungsgrad des Gesamtzyklus ergibt sich dann als eine Art Mittelwert aus diesen Einzelwirkungsgraden.

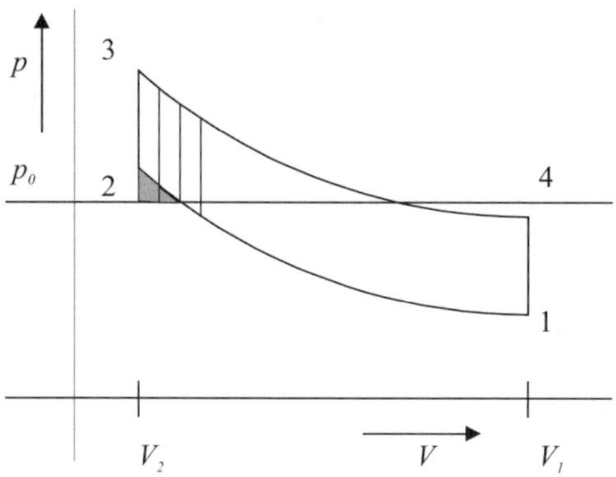

Bild 12.8 Einteilung des Idealprozesses in senkrechte Streifen

Man erkennt nun: Für die Streifen, die eine graue Fläche enthalten, produziert diese graue Fläche eine ihr proportionale Reibarbeit, ohne dass die Fläche selbst zur inneren Arbeit beiträgt. Für die Streifen aus der Mitte des Zyklus existieren diese Flächen nicht, und ihr mechanischer Wirkungsgrad ist maximal.

Der mechanische Wirkungsgrad ist damit am höchsten, wenn diese grau schattierte Fläche der Arbeit ganz verschwindet. Für ein gegebenes Temperaturverhältnis ist somit das Verdichtungsverhältnis zu begrenzen. Bitte beachten Sie aber, dass die Optimierung des mechanischen Wirkungsgrades nicht identisch mit der Optimierung der effektiven Arbeit ist.

Ein weiterer Zusammenhang spricht aus Sicht des Autors für ein niedriges Verdichtungsverhältnis.

Da die Verdichtung und Expansion in der Regel nicht isotherm, sondern eher adiabat verlaufen, ergibt sich damit auch eine nennenswerte Temperaturänderung des Arbeitsgases. Für den Betrieb mit kleiner Temperaturdifferenz resultiert daraus eine Begrenzung des

Verdichtungsverhältnisses, da die Verdichtungsendtemperatur noch nennenswert unter der Erhitzertemperatur liegen muss, damit auf der Isochoren überhaupt Wärme zugeführt werden kann. Für die Expansion sind die Verhältnisse ähnlich.

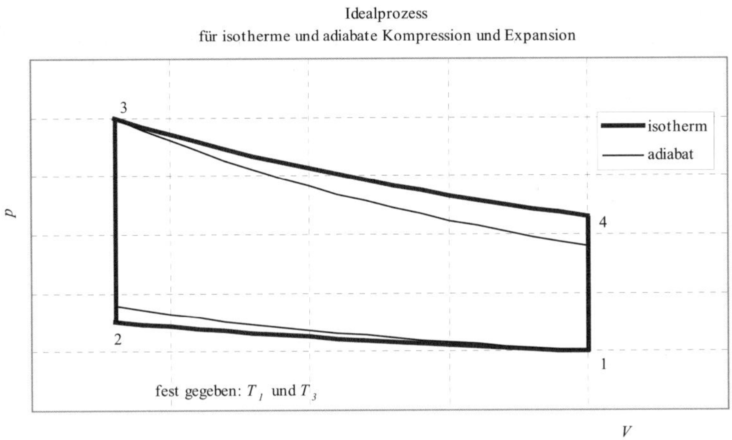

Bild 12.9 Isothermer und adiabater Stirlingprozess

Die folgende Darstellung soll einen Überblick darüber verschaffen, in welchen Größenordnungen das Verdichtungsverhältnis liegen darf.

Für den Extremfall der völlig isentropen Verdichtung gilt:

$$p_1 \cdot V_1^{\kappa} = p_2 \cdot V_2^{\kappa}$$

$$\frac{p_1}{p_2} = \frac{V_2^{\kappa}}{V_1^{\kappa}}$$

$$\left[\frac{p_1}{p_2}\right]^{\frac{1}{\kappa}-1} = \frac{T_2}{T_1}$$

$$\frac{p_1}{p_2} = \left(\frac{T_2}{T_1}\right)^{\frac{\kappa}{1-\kappa}} = \left(\frac{V_2}{V_1}\right)^{\kappa}$$

$$\left(\frac{T_2}{T_1}\right)^{\frac{1}{1-\kappa}} = \left(\frac{V_2}{V_1}\right)$$

$$\frac{T_2}{T_1} = \varepsilon^{\kappa-1}$$

bzw.:

$$\varepsilon = \left(\frac{T_2}{T_1}\right)^{1/\kappa-1}$$

Mit einer Erhitzertemperatur von 100 °C, einer Kühlertemperatur von 25 °C und der Forderung, dass die Temperatur während der Verdichtung um nicht mehr als 10% des Wertes ansteigen darf, um den sie bei der Isochoren steigt, ergibt sich ein maximales Verdichtungsverhältnis von 1,052.

Die Gleichung für die Arbeit des Idealprozesses suggeriert auf den ersten Blick, die Arbeit würde sich mit einer Vergrößerung des Totvolumens V_2, d. h. mit einer Absenkung des Verdichtungsverhältnisses, reduzieren.

$$W = -[Q_{12} + Q_{34}]$$

$$W = -m \cdot R \cdot T_1 \cdot \ln\left(\frac{V_2}{V_1}\right) - m \cdot R \cdot T_3 \cdot \ln\left(\frac{V_4}{V_3}\right)$$

$$W = m \cdot R \cdot (T_3 - T_1) \cdot \ln\left(\frac{V_2}{V_1}\right)$$

$$W = -m \cdot R \cdot (T_3 - T_1) \cdot \ln\left(\frac{V_1}{V_2}\right)$$

$$|W| = m \cdot R \cdot (T_3 - T_1) \cdot \ln\left(\frac{V_1}{V_2}\right)$$

Die Arbeit hängt aber auch von der Masse m ab. Diese wiederum ist eine Funktion von V_2.
Im Folgenden soll gezeigt werden, dass die Arbeit des Idealprozesses für einen gegebenen Mitteldruck p_m unabhängig von V_2 ist.
Der arithmetische Mitteldruck p_m des Idealprozesses wird hier nicht über den Kurbelwinkel wie in Kapitel 1, sondern über das Volumen berechnet:

$$p_m = \frac{\int_2^1 p dV + \int_3^4 p dV}{2\Delta V}$$

$$p_m = \frac{m \cdot R \cdot T_1 \cdot \ln\left(\frac{V_1}{V_2}\right) + m \cdot R \cdot T_3 \cdot \ln\left(\frac{V_1}{V_2}\right)}{2(V_1 - V_2)}$$

$$p_m = \frac{m \cdot R \cdot \ln\left(\frac{V_1}{V_2}\right) \cdot (T_1 + T_3)}{2(V_1 - V_2)}$$

Formt man diese Gleichung um:

$$\frac{p_m \cdot 2 \cdot (V_1 - V_2)}{(T_1 + T_3)} = m \cdot R \cdot \ln\left(\frac{V_1}{V_2}\right)$$

und setzt sie in die Gleichung für die Arbeit des Idealprozesses ein, so folgt:

$$W = -2 \cdot p_m \cdot (V_1 - V_2) \cdot \frac{(T_3 - T_1)}{(T_1 + T_3)}$$

Für ein gegebenes veränderliches Volumen $V_1 - V_2$ und gegebenen Mitteldruck p_m ist die Arbeit konstant und damit unabhängig von V_2. Interessant an dieser Gleichung ist, dass sie die gleiche Gestalt wie die Gleichung von WEST – siehe Abschnitt 6.3.2 – besitzt. Sie unterscheidet sich lediglich in dem konstanten Faktor, der hier zwei beträgt. Mit anderen Worten: WEST schätzt die Arbeit einer realen Maschine auf 17,5% (0,35/2 = 0,175) der Arbeit des Idealprozesses.

Wenn demnach das Verdichtungsverhältnis für Niedertemperaturmaschinen sehr niedrig gehalten werden soll, könnte man auf die Idee kommen, möglichst viele große Toträume zu realisieren. Wenngleich das ganze Volumen im Verdrängerzylinder als unveränderliches Volumen für die Gesamtmaschine wirkt, ist es jedoch nicht gleichzusetzen mit einem Totvolumen. Das vom Verdränger überstrichene Volumen dient dem Aufbau der Druckdifferenz. Echte Toträume wie z. B. der im Zylinder verbleibende, nicht überstrichene Raum reduzieren diese Druckamplitude des Gases und sind stets unerwünscht.

Mit sinkendem Verdichtungsverhältnis steigt jedoch die im Regenerator zu speichernde Wärme an (siehe Abschnitt 3.7.2).

13 Messungen an der Versuchsmaschine

13.1 Die Maschine

Die Versuchsmaschine wurde mit dem Ziel gebaut, erste Erfahrungen mit einer Niedertemperaturmaschine zu sammeln und die dargestellte Schmidt-Analyse auf ihre Praxisnähe hin zu untersuchen.

Bild 13.1 Die Versuchsmaschine

Es wurde eine sehr kleine Maschine realisiert, da diese fast alle Zusammenhänge ebenso gut darstellen kann wie eine große. Einzig die Messung kleiner Drehmomente bereitet Schwierigkeiten, so dass auf die Bestimmung des effektiven Wirkungsgrades verzichtet werden musste.

Statt solarer Wärme sollte die Versuchsmaschine zwecks einfacherer Handhabung mittels elektrischer Heizung betrieben werden. Dies wäre – um Missverständnissen vorzubeugen – für eine reale Anwendung natürlich kompletter Unsinn.

Es entstand eine *Heißluftmaschine* in Anlehnung an die Bauweise der Senft'schen Maschinen.

13.2 Geometrische Daten der Maschine und Betriebsparameter

Arbeitskolbenhub	10	mm
Arbeitszylinderbohrung	28	mm
Verdrängerzylinderhöhe	32	mm
Verdrängerzylinderbohrung	140	mm
Verdrängerkolbenhöhe	10	mm
Verdrängerkolbenhub	20	mm
Verdrängerkolbendurchmesser	135	mm
Phasenverschiebungswinkel	90	°
Pleuellänge des Arbeitskolbens	70,25	mm
Pleuellänge des Verdrängerkolbens	34,75	mm
Kurbelverhältnis Arbeitskolben $\lambda = r / l$	0,071	1
Kurbelverhältnis Verdrängerkolben $\lambda = r / l$	0,288	1

Es errechnen sich daraus die Volumina:

V_{HC}	6157	mm^3
V_{HE}	286277	mm^3
V_{DC}	3141	mm^3
V_{DE}	63185	mm^3
V_R	0	mm^3
V_0	352604	mm^3
ε	1,0175	1

Die Maschine soll mit folgenden Betriebsparametern betrieben werden:

ϑe	ca. 100	°C
ϑc	ca. 25	°C
p_m ($p_m = p_{Umgebung}$)	1	bar
Arbeitsgas	Luft	

13.3 Messergebnisse

Bild 13.2 und Bild 13.3 zeigen die gemessenen *p-V*-Diagramme der Versuchsmaschine.

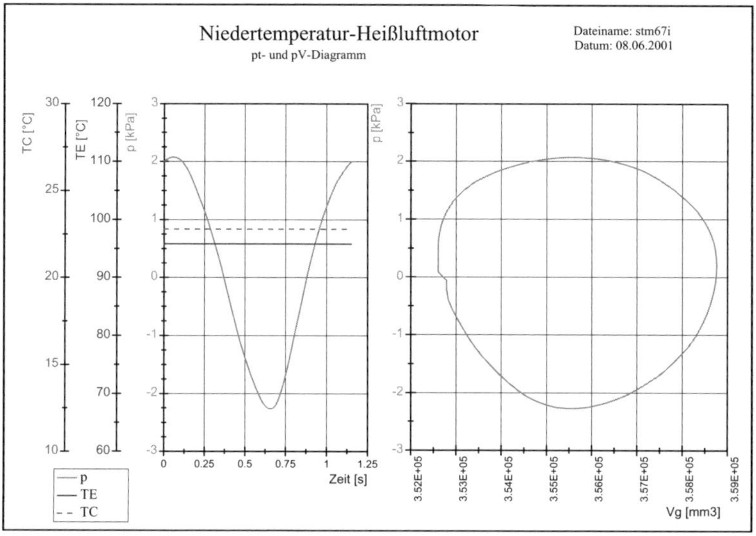

Bild 13.2 Messung von Druck über Zeit und Volumen

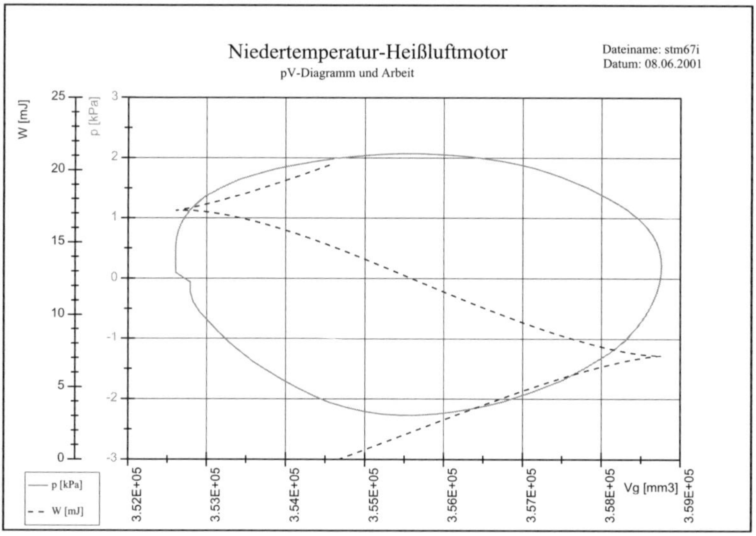

Bild 13.3 Gemessenes *p-V*-Diagramm und integrierte *p(V)*-Funktion

Zur Messung des Volumens wurde der Kurbelwinkel mittels Endlospotentiometer gemessen und daraus mit Hilfe der Messdatenerfassungssoftware das entsprechende Volumen errechnet. Das Volumen als Funktion des Kurbelwinkels wurde hier, wie bei der Schmidt-Analyse, als einfache Kosinusfunktion angenommen, obwohl die tatsächliche Funktion der Volumina Anteile höherer Ordnung enthält. Die Beschränkung auf die Grundschwingung erscheint aber als tolerabel.

Da der elektrisch wirksame Winkel des Potentiometers nur 340° beträgt, entsteht im Diagramm ein kleiner Knick im Bereich des kleinsten Volumens, was aber durchaus als tolerabel erscheint.

Der Druck wurde mittels elektronischem Druckmessgerät mit Analogausgang gemessen und dessen Spannung mit der Messdatenerfassung aufgezeichnet. Der Druck ist in den Messdiagrammen jeweils als Relativdruck gegenüber 1 bar Umgebungsdruck angegeben.

Die Software misst zunächst alle Größen über der Zeit. Nachträglich wurde dann der Druck einmal über der Zeit und einmal über dem Volumen aufgetragen.

In dem zweiten p-V-Diagramm – was aus der gleichen Messung resultiert – ist zusätzlich durch Integration der Druckfunktion über dem Volumen die eingeschlossene Fläche (=Arbeit) des Zyklus aufgetragen. Man erkennt deutlich, dass die integrierte Funktion fast monoton anwächst. Das bedeutet, es wird (fast) über den gesamten Zyklus Arbeit abgegeben. Eine Arbeit aufnehmende Verdichtungsphase würde sich in einer fallenden Integral-Funktion zeigen.

Im $p = f(t)$ Diagramm sind zusätzlich die Temperaturen von Erhitzer- und Kühlerplatte aufgezeichnet.

13.4 Vergleich von Theorie und Praxis

Für die Rechnung der Schmidt-Analyse ist es notwendig, die Temperaturen des Gases in Expansions- und Kompressionsraum zu kennen. Aufgrund des stets begrenzten Wärmeübergangskoeffizienten besteht aber immer ein Temperaturgefälle zwischen Wand und Gas. Doch auch davon abgesehen kann bei dieser Maschine *ohne Regenerator* die Gastemperatur in den Räumen niemals die Temperatur der jeweiligen Erhitzer- oder Kühlerplatte, erreichen. Denn die Luft im Verdrängerzylinder berührt nicht nur die Erhitzer- bzw. Kühlerplatte sondern stets auch die Fläche des Verdrängerkolbens.

Dieser Kolben wiederum kann an seiner Oberfläche niemals die Temperatur der jeweils gegenüberliegenden Zylinderwand erreichen, denn er wird ja nur vom vorbeiströmenden Gas beheizt bzw. gekühlt. Längs der Erhitzerseite des Kolbens strömt periodisch kaltes Gas aus dem Kühlerraum und heizt sich dann erst im Erhitzerraum auf.

Als allereinfachste Näherung kann man nun annehmen, der Kolben habe auf beiden Seiten die gleiche Temperatur, die sich als arithmetisches Mittel der beiden Plattentemperaturen von Erhitzer und Kühler ergibt.

Für das Gas zwischen diesen beiden Flächen kann man dann wiederum das arithmetische Mittel der Temperaturen seiner beiden Begrenzungsflächen annehmen.

ϑ_{KE} Kolbentemperatur auf der Erhitzerseite
ϑ_{KC} Kolbentemperatur auf der Kühlerseite
ϑ_{E0} Erhitzertemperatur
ϑ_{C0} Kühlertemperatur

$$\vartheta_{KE} = \vartheta_{KC} = \frac{\vartheta_{E0} + \vartheta_{C0}}{2}$$

$$\mathrm{T_E} = \frac{\vartheta_{KE} + \vartheta_{E0}}{2} + 273\,\mathrm{K}$$

$$\mathrm{T_C} = \frac{\vartheta_{KC} + \vartheta_{C0}}{2} + 273\,\mathrm{K}$$

T_E Expansions-Gastemperatur für Schmidt-Analyse
T_C Kompressions-Gastemperatur für Schmidt-Analyse

Für diese Näherung wurde angenommen, dass sich am Kolben ein stationärer Gleichgewichtszustand eingestellt hat.

13.4.1 Schmidt-Analyse für die Versuchsmaschine

Ermittlung der effektiven Gastemperaturen für die Schmidt-Analyse.

$$\vartheta_{E0} = 96\,°\mathrm{C}$$

$$\vartheta_{C0} = 23\,°\mathrm{C}$$

$$\vartheta_K = \frac{\vartheta_{E0} + \vartheta_{C0}}{2} = 59{,}5\,°\mathrm{C}$$

$$\vartheta_E = \frac{\vartheta_{E0} + \vartheta_K}{2} = 77{,}75\,°\mathrm{C}$$

$$\vartheta_C = \frac{\vartheta_{C0} + \vartheta_K}{2} = 41{,}25\,°\mathrm{C}$$

Mit diesen Werten wird nun die Schmidt-Analyse durchgeführt:

Unabhängige Maschinendaten		
VHE	2,863E-04	m^3
VHC	6,157E-06	m^3
VDE	6,319E-05	m^3
VDC	6,157E-06	m^3
VR	1,000E-50	m^3
ϑe	77,8	°C
ϑc	41,3	°C
φ	90,0	°
pm	1,0	bar

Abhängige Maschinendaten				Hilfsgrößen		
T_E	350,75	K		t	0,895937277	1
T_C	314,25	K		TD	347,169595850	K
φ	1,5707964	rad		VD	0,000069342	m^3
				v	0,021507142	1
				s	0,219251972	1
				a	0,106261976	1
				b	2,355948363	1
				c	0,045103695	1
				TR	332,165834092	K
				$delta$	2,937787386	rad

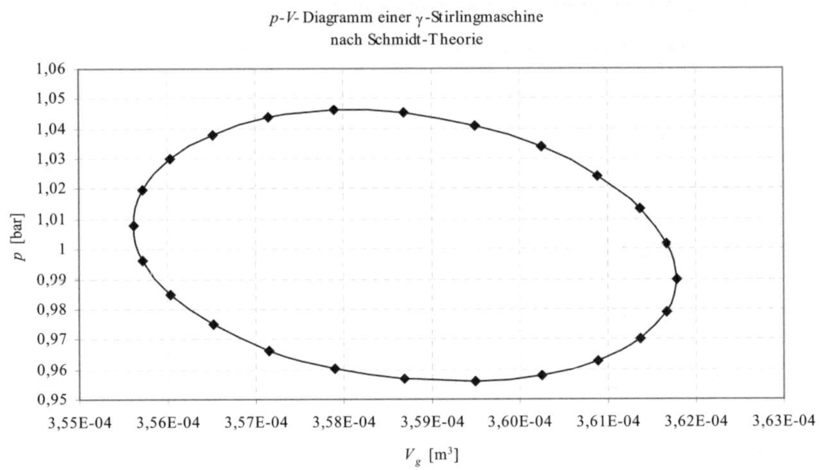

Bild 13.4 Theoretisches *p-V*-Diagramm der Versuchsmaschine

W_g	–0,0427	J
p_{max}	1,04616	bar
p_{min}	0,95586	bar
Δp	9,03	kPa

Die Messung ergab eine indizierte Arbeit von 20,5 mJ, die Rechnung hingegen liefert eine Arbeit von 42,7 mJ. Es ergibt sich ein relative Abweichung von:

$$\frac{W_{schmidt} - W_{mess}}{W_{mess}} = \frac{W_{schmidt}}{W_{mess}} - 1 = \frac{42{,}7\ \text{mJ}}{20{,}5\ \text{mJ}} - 1 = 108\ \%$$

Im Folgenden soll untersucht werden, worauf die große Abweichung der Schmidt-Analyse zur tatsächlichen Messung mit 108% zurückzuführen ist. Da zu erwarten ist, dass der Fehler in falsch angenommenen Raumtemperaturen begründet liegt, sollen nun aus dem gemessenen Diagramm rückwärts die entsprechenden isotherm angenommenen Raumtemperaturen ermittelt werden.

Es wird wie zuvor die Messung gemäß Bild 13.2 bzw. Bild 13.3 als Basis benutzt. Aus dem Diagramm folgt eine Druckänderungsamplitude von 4,29 kPa.

Nach der Schmidt-Analyse gilt:

$$p_{\max} = p_m \sqrt{\frac{1+c}{1-c}}$$

$$p_{\min} = p_m \sqrt{\frac{1-c}{1+c}}$$

Damit folgt für c mittels numerischer Lösung der Gleichung:

$$\frac{\Delta p}{p_m} = \sqrt{\frac{1+c}{1-c}} - \sqrt{\frac{1-c}{1+c}}$$

$$c = 0{,}02145$$

$$c = \frac{A}{B} = \frac{\sqrt{t^2 - 2 \cdot t + 1 + 2 \cdot (t-1) \cdot v \cdot \cos\varphi + v^2}}{t + 1 + v + 2 \cdot s}$$

Mit dieser Beziehung kann nun das Temperaturverhältnis t bestimmt werden. Da aber in dem reduzierten Totraum s die Temperaturen bereits enthalten sind, müssen diese zunächst geschätzt und der Rechenvorgang evtl. wiederholt werden. Auf diese Wiederholung wird in Anbetracht der Ergebnisse verzichtet.

Bestimmung von s und v:

Es wird eine mittlere Temperatur von 60 °C angenommen und damit zunächst $T_E = 348$ K und $T_C = 318$ K frei geschätzt.

$$\frac{V_{DE}}{T_e} + \frac{V_R}{T_R} + \frac{V_{DC}}{T_C} = \frac{V_S}{T_S}$$

$$v = \frac{V_{HC}}{V_{HE}}$$

$$s = \frac{V_D}{V_{HE}} \cdot \frac{T_C}{T_D}$$

$s \; = 0{,}2232$

$v \; = 0{,}02151$

$\varphi \; = 1{,}5708$

Auch t wird numerisch, mittels Nullstellenprogramm, bestimmt:

$t = 0{,}9527$

Mit der zuvor bereits angenommenen Mitteltemperatur folgt:

$$t = \frac{T_C}{T_E}$$

$$T_m = \frac{T_E + T_C}{2}$$

$$T_m = \frac{T_E + T_E \cdot t}{2}$$

$$T_E = \frac{2T_m}{1+t}$$

$$T_E = 341\,\mathrm{K}$$

$$\vartheta_E = 68\,°\mathrm{C}$$

$$T_C = 325\,\mathrm{K}$$

$$\vartheta_C = 52\,°\mathrm{C}$$

Eine neue Schmidt-Zyklus-Rechnung mit diesen Werten bringt nun deutlich genauere Ergebnisse:

Unabhängige Maschinendaten		
VHE	2,863E-04	m^3
VHC	6,157E-06	m^3
VDE	6,319E-05	m^3
VDC	6,157E-06	m^3
VR	1,000E-50	m^3
ϑe	68,0	°C
ϑc	52,0	°C
φ	90,0	°
pm	1,0	bar

Abhängige Maschinendaten			Hilfsgrößen		
T_E	341	K	t	0,953079179	1
T_C	325	K	TD	339,515878346	K
φ	1,5707964	rad	VD	0,000069342	m^3
			v	0,021507142	1
			s	0,231863922	1
			a	0,051615120	1
			b	2,438314164	1
			c	0,021168363	1
			TR	332,935926073	K
			$delta$	2,711799333	rad

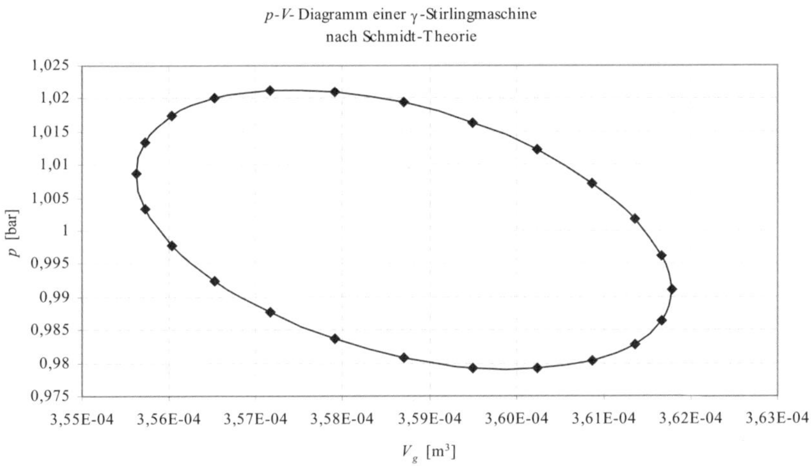

Bild 13.5 Theoretisches *p-V*-Diagramm der Versuchsmaschine für gemessene Druckamplitude

W_g	-0,0186	J
p_{max}	1,02139	bar
p_{min}	0,97905	bar
Δp	4,24	kPa

$$\frac{W_{schmidt} - W_{mess}}{W_{mess}} = \frac{W_{schmidt}}{W_{mess}} - 1 = \frac{18{,}6\,\text{mJ}}{20{,}5\,\text{mJ}} - 1 = -9\,\%$$

Die theoretische Arbeit weicht nun mit 18,6 mJ um 9% von der realen Arbeit ab. Damit liegt die anfänglich große Abweichung zwischen Theorie und Praxis in den falsch angenommenen Gastemperaturen begründet. Hier ist eine genaue Rechnung des Wärmeübergangs gefordert.

Ein erneuter Vergleich bezüglich der Drücke wäre unsinnig, da diese die Ausgangsgröße für diese Nachrechnung darstellten.

13.4.2 Arbeit nach BEALE

$$|W| = 0{,}15 \cdot p \cdot V_H$$

Nach BEALE ergibt sich für die Versuchsmaschine eine Zyklusarbeit von 92 mJ.

Da diese Gleichung für die erwähnten hohen Temperaturen ausgelegt ist, erscheint das Ergebnis erstaunlich niedrig.

13.4.3 Arbeit nach WEST

Für die Arbeit nach WEST gilt allgemein:

$$|W| = F \cdot p \cdot V_H \cdot \frac{T_E - T_C}{T_E + T_C}$$

$$F = West - Faktor = 0{,}35$$

Mit ϑ_E= 96 °C und ϑ_C = 23 °C ergibt sich für die Versuchsmaschine eine Zyklusarbeit von 24 mJ. Mit den korrigierten Temperaturen ϑ_E= 77,75 °C und ϑ_C= 41,25 °C ergibt sich eine Zyklusarbeit von 12 mJ.

13.4.4 Arbeit des Ideal-Prozesses

$$|W| = 2 \cdot p_m \cdot V_H \left[\frac{T_3 - T_1}{T_3 + T_1} \right]$$

$$|W| = 2 \cdot 1\,\text{bar} \cdot 6157\,\text{mm}^3 \cdot \left[\frac{369\,\text{K} - 296\,\text{K}}{369\,\text{K} + 296\,\text{K}} \right] = 135\,\text{mJ}$$

bzw. mit ϑ_E = 77,8°C und ϑ_C = 41,3 °C:

$$|W| = 2 \cdot 1\,\text{bar} \cdot 6157\,\text{mm}^3 \cdot \left[\frac{351K - 314K}{351K + 314K} \right] = 69\,\text{mJ}$$

Es ergeben sich Abweichungen vom Messergebnis bzw. von der Schmidt-Analyse von:

$$\frac{W_{ideal} - W_{mess}}{W_{mess}} = \frac{W_{ideal}}{W_{mess}} - 1 = \frac{69\,\text{mJ}}{20{,}5\,\text{mJ}} - 1 = 237\,\% \qquad \text{bzw.}$$

$$\frac{W_{ideal} - W_{Schmidt}}{W_{Schmidt}} = \frac{W_{ideal}}{W_{Schmidt}} - 1 = \frac{69\,\text{mJ}}{42{,}7\,\text{mJ}} - 1 = 62\,\%$$

Damit liegt die Arbeit des Idealprozesses 62% höher als die des Schmidt-Zyklus mit 42,7 mJ. Dies ist insofern beachtlich, da keine der beiden Zyklen Verluste berücksichtigen und beide jeweils auf isothermen Zustandsänderungen basieren. Der Übergang von der diskontinuierlichen zur kontinuierlichen Kolbenbewegung sowie die Berücksichtigung der Totvolumina bringen offenbar eine deutliche Leistungseinbuße mit sich.

A Anhang

A.1 Geschichte der Wärmekraftmaschinen

Die Entwicklung von Wärmekraftmaschinen hat eine sehr lange Tradition. Schon der altgriechische Mathematiker und Physiker HERON VON ALEXANDRIEN baute wahrscheinlich im 1. Jahrhundert einen sog. Reaktionsball. Es handelt sich dabei um ein drehbar gelagertes kugelförmiges Gefäß, in dem mittels Feuerung Dampf erzeugt wurde. Durch entsprechend ausgebildete Rohre am Umfang des Gefäßes strömte der Dampf unter Druck tangential aus und brachte das Gefäß in Folge der Reaktionskräfte zum Rotieren [35].

LEONARDO DA VINCI entwarf einen Zylinder, in dem Wasser verdampfen und so einen Kolben bewegen sollte.

1661 erbrachte der Magdeburger Bürgermeister und Physiker OTTO VON GUERICKE den Beweis, dass der atmosphärische Luftdruck technisch nutzbar ist. Mit der von ihm erfundenen Luftpumpe evakuierte er einen Zylinder, ließ dann einen Kolben in diesen eintreten und hob so über eine Rolle eine Last.

Dieses Prinzip griff der holländische Physiker CHRISTIAAN VON HUYGENS 1673 in Paris wieder auf. Er ersetzte die Vakuumpumpe Guerickes durch einen Zylinder, in dem er Schießpulver verbrannte und so durch anschließende Abkühlung der Gase einen Unterdruck im Zylinder erzeugte.

HUYGENS' Assistent DENIS PAPIN ersetzte das Schießpulver durch den leichter handhabbaren Wasserdampf. Er ließ diesen Dampf in einem Zylinder kondensieren, indem er den Zylinder von außen mit Wasser kühlte. Mit dem entstehenden Unterdruck trieb der atmosphärische Druck einen Kolben in den Zylinder und hob dabei eine Masse von 27 kg.

1695 erfand der Ingenieuroffizier THOMAS SAVERY die kolbenlose Dampfpumpe zum Entwässern von Kohlegruben.

16 Jahre später erkannte der Dartmouther Grobschmied und Eisenhändler THOMAS NEWCOMEN als wesentlichste Fehler der PAPIN'schen Maschine die Tatsache, dass Verdampfung und Kondensation des Dampfes in ein und demselben Zylinder stattfanden, und baute so eine Kolbenmaschine, bei der Kessel und Kondensationszylinder getrennt waren. Auch diese Maschine nutzte den *atmosphärischen* Druck zum Bewegen der Lasten, was sich im Namen *Atmosphärische Dampfmaschine* widerspiegelt.

Selbst diese Maschine war noch so aufwendig und ihr Kohleverbrauch so hoch, dass man spottete, man benötige zum Bau der Maschine eine Erzmine und zu deren Betrieb eine Kohlegrube.

Schließlich wird 1769 für JAMES WATT, der als Mechaniker an der Universität Glasgow arbeitete, die einfach wirkende Niederdruck-Dampfmaschine mit gesondertem Kondensator patentiert. Sie nutzt als erste Maschine dieser Art den Dampfdruck direkt zur Leistung von Arbeit, während die erwähnten Vorgängermaschinen den Dampfdruck nur zur Erzeugung eines Unterdruckes nutzten, um so mit dem atmosphärischen Druck Arbeit zu leisten [35].

1816 erfand der schottische Priester ROBERT STIRLING die nach ihm benannte Heißluftmaschine (siehe Abschnitt A.2).

Interessanterweise entstanden all diese Maschinen ohne die heute bekannten thermodynamischen Grundlagen. Erst der französische Festungsbauingenieur SADI CARNOT begründete 1824 mit seinen *Betrachtungen über die bewegende Kraft des Feuers und die zur Entwicklung dieser Kraft geeigneten Maschinen* (Réflexions sur la puissance motrice du feu et sur les machines propres à développer cette puissance [28]) diese neue Wissenschaft der Thermodynamik. Er zeigte als erster und auf allgemeine Weise, dass Wärme nur unvollständig in mechanische Arbeit umgewandelt werden kann und dass die maximale erreichbare Arbeit nur von den Temperaturen, mit denen der Prozess betrieben wird, abhängt. Auch die Erhaltung der Energie, die die Äquivalenz von Arbeit und Wärme einschließt, wurde erst zwischen 1840 und 1850 von JAMES PRESCOTT JOULE und dem praktischen Arzt JULIUS ROBERT MAYER erkannt [3].

Es folgte die atmosphärische Gasmaschine des Franzosen JEAN JOSEPH ETIENNE LENOIR im Jahre 1860. Angeregt durch die Arbeiten von LENOIR, beschäftigte sich der gelernte Kaufmann NICOLAUS AUGUST OTTO mit dieser Art von Maschinen. Mit dem Kölner Ingenieur und Unternehmer EUGEN LANGEN gründete er 1864 in Köln die N. A. Otto & Cie – die erste Motorenfabrik der Welt, aus der der heutige Konzern Deutz resultiert. Am 9. Mai 1876, der Geburtsstunde des heutigen Verbrennungsmotors, wurde das erste p-V-Diagramm von *Ottos neuem Motor* aufgezeichnet. OTTO hatte die Bedeutung der Vorkompression der Ladung als Grundlage für einen günstigen Brennstoffverbrauch erkannt und in dem von ihm entwickelten Viertaktverfahren verwirklicht. Die Maschine leistete bei 180 min^{-1} 3 PS mit einem Wirkungsgrad von 17% [36].

1883 erfand der schwedische Ingenieur CARL G. P. DE LAVAL die nach ihm benannte Dampfturbine [7].

16. Februar 1897: Der von dem Ingenieur RUDOLF CHRISTIAN KARL DIESEL entwickelte Motor erweist sich als beste Wärmekraftmaschine der Welt. DIESEL, der 1880 als Schüler von CARL VON LINDE das beste Examen seit Gründung der Münchener Hochschule absolvierte, hatte diese Maschine von Anfang ingenieurwissenschaftlich geplant und entwickelt [36].

A.2 Geschichte der Stirlingmaschine

ROBERT STIRLING, geboren am 25. Oktober 1790 in der Nähe von Methven, Pertshire, und sein Bruder JAMES, geboren am 20. Juli 1800 [13], gelten als die Väter des nach ihnen benannten Heißluftmotors.

ROBERT STIRLING, Priester der Kirche von Schottland, beantragte 1816 ein Patent auf die von ihm erfundene Heißgasmaschine. Er sah bereits die Verwendung eines *economizer*, wie er den Regenerator nannte, vor.

Zwischen 1817 und 1824 wurde dann die erste Maschine gebaut und in Betrieb genommen. Es handelte sich dabei um eine Einzylinder-β-Maschine.

ROBERT STIRLINGS jüngerer Bruder JAMES, der bei dem Ingenieurbüro Girdwood of Glasgow in die Lehre ging, wo man ihn zum Ingenieur ausbildete, beschäftigte sich zunehmend mit der Maschine, als die Kirche ROBERT stärker in Anspruch nahm. 1824 betrieb JAMES die Maschine mit Aufladung, das heißt mit einem Mitteldruck höher als der Umgebungsdruck, und erzielte so eine höhere Druckamplitude und Leistung.

Die vierte Maschine der STIRLING-Brüder erreichte einen Wirkungsgrad von ca. 6 bis 7%, während der von Dampfmaschinen dieser Zeit bei ca. 2% lag [40].

Später um die Jahrhundertwende zum 20. Jahrhundert hatten Otto- und Dieselmotoren den Stirlingmotor stark zurückgedrängt.

In den dreißiger Jahren des 20. Jahrhunderts befasste man sich dann bei Philips in Eindhoven intensiv mit der Entwicklung von Stirlingmotoren. Man hatte den europäischen

Markt für Röhrenradios erschlossen und wollte diesen nun auf Afrika und Asien erweitern. Hierzu musste man den ländlichen Gebieten dort eine Stromquelle zur Verfügung stellen und kam so auf den Stirlingmotor. Der Betrieb mit Batterien schied aufgrund des verhältnismäßig hohen Energiebedarfs der Röhrentechnik aus. Mit der Erfindung des Transistors Ende 1947 [12] war die Basis geschaffen, den Stromverbrauch von Radios drastisch zu senken. Man kam dann mit Batterien aus und war nicht mehr auf den Stirlingmotor angewiesen. Die Arbeiten wurden bei Philips trotzdem noch einige Zeit fortgeführt und erreichten einen sehr beachtlichen Stand [40].

1968 begann man bei MAN (Maschinenfabrik Augsburg-Nürnberg) und MWM (Motoren-Werke Mannheim) im Auftrag des Bundesverteidigungsministeriums mit Forschungsaktivitäten auf dem Gebiet der Stirlingmaschinen. In den folgenden Jahren entstanden beachtliche Versuchsmuster. 1978 stellte man bei MWM die Stirlingentwicklung ein. Hintergrund war, dass man zu der Überzeugung gekommen war, die Wirkungsgrade nicht deutlich über 30% hinaus steigern zu können, womit der Stirlingmotor in dieser Disziplin dem Dieselmotor unterlegen bliebe. 1991 beendete auch MAN die Aktivitäten an Stirlingmaschinen [40].

Ebenfalls 1968 wurde in Malmö, Schweden, die Firma United Stirling Sweden (USS) gegründet, die mit Philips einen Know-how- und Lizenzvertrag abschloss. Die Anfang der 70er-Jahre von USS entwickelte V160-Maschine wurde später Basis für die Solo-161-Maschine (siehe Abschnitt 5.1.1) [40].

Ford, ebenfalls Lizenznehmer von Philips, beschäftigte sich mit der Stirlingmaschine im Hinblick auf den Antrieb von Fahrzeugen. Doch auch Ford beendete 1978 seine Aktivitäten auf dem Gebiet der Stirlingmaschinen, u. a. wegen schwerwiegender technischer Probleme an Erhitzern, Rollmembrandichtungen und Leistungsregelung, deren Lösung man zeitlich nicht in ausreichender Nähe sah [40].

Aufgrund der Möglichkeiten zur umweltfreundlichen Energiewandlung ist der Stirlingmotor heute (2002) wieder verstärkt ins Interesse gerückt und könnte aus Sicht des Autors neben Brennstoffzellen einen nennenswerten Marktanteil zur dezentralen Energieversorgung in Anlagen für Kraft-Wärme-Kopplung und Solargeneratoren erlangen (siehe Einleitung und Abschnitt 2.2).

A.3 Rhombengetriebe

Bei Maschinen, die mit hohen mittleren Drücken arbeiten, ist es wünschenswert, das Kurbelgehäuse drucklos zu halten, um dessen Konstruktion nicht unnötig schwer werden zu lassen. Dies erfordert hermetische Dichtungen zwischen Arbeitsraum und Kurbelgehäuse, die entweder direkt an den Kolben oder auch den Kolbenstangen angebracht sein müssen. Zu diesem Zweck wurden so genannte Rollsockendichtungen (siehe Abschnitt A.4) entwickelt, die es aber erforderlich machen, dass auf sie keine Querkräfte wirken. Hierzu kann der Kurbeltrieb mit Kreuzkopfführungen ausgestattet oder ein so genanntes Rhombengetriebe verwendet werden.

Bild A.1 zeigt schematisiert den Aufbau eines solchen Kurbeltriebs. Das Rhombengetriebe wurde von R. J. MEIJER, dem Leiter der Stirlingmotoren-Entwicklung bei Philips, erfunden.

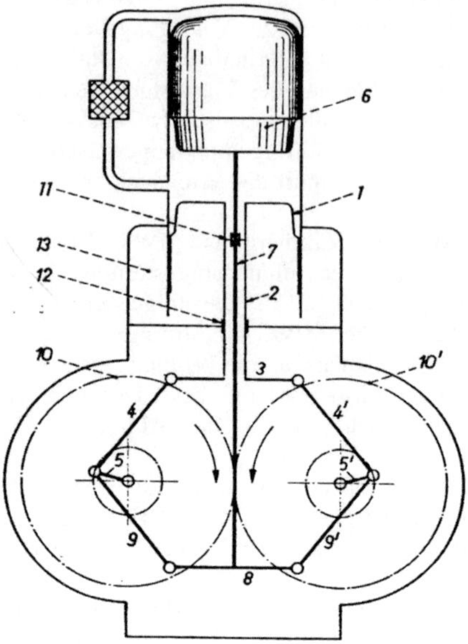

Bild A.1 Schematisiertes Rhombengetriebe [23]

1 Arbeitskolben
2 Arbeitskolbenstange
3 oberes Joch
4 Pleuelstangen
5 Kurbeln
6 Verdrängerkolben
7 Verdränger-kolbenstange
8 unteres Joch
9 Pleuelstangen
10 Zahnräder
11 Dichtung der Verdrängerstange
12 Dichtung der Arbeitskolbenstange
13 Pufferraum auf Mitteldruck des Arbeitsraum

Es besteht aus zwei bezüglich der Zylinderlängsachse symmetrisch angeordneten Kurbeltrieben, dessen Pleuelstangen 4-4' und 9-9' über ein unteres Joch 8 und ein oberes Joch 3 verbunden sind. Die beiden Kurbeltriebe sind über ein Zahnradpaar zwangssynchronisiert, was nebenbei erlaubt, dass die Arbeit der Maschine an nur einer der beiden Wellen abgenommen werden kann. Das Getriebe hat seinen Namen aus der Tatsache erhalten, dass die Gestänge zu jedem Zeitpunkt die Form eines Rhombus annehmen.

Wenn man den Aufbau des Rhombengetriebes betrachtet, so mag man sich fragen, warum die beiden Kolben eine um z. B. 90° phasenverschobene Bewegung vollführen können, obwohl das Getriebe völlig symmetrisch aufgebaut ist.

Man kann sich die Bewegung eines Kolbens anschaulich als Summe zweier überlagerter Vorgänge vorstellen. Würden sich die unteren Pleuellager 5, 4, 9 bzw. 5', 4', 9' statt auf einer Kreisbahn nur in der Horizontalen geradlinig hin und her bewegen, so würde sich der Rhombus lediglich strecken und stauchen. Die beiden Kolben würden sich symmetrisch zueinander auf und ab bewegen.

Würden sich hingegen die genannten Lagerpunkte nur vertikal auf und ab bewegen, so würden sich die Kolben, ohne eine Relativbewegung zueinander auszuführen, auf und ab bewegen.

Diese Effekte der Auf-und-ab-Bewegung aus Strecken und Stauchen bzw. die vertikale Auf-und-ab-Bewegung überlagern sich mal positiv, mal negativ (= gegeneinander).

Steht der Kurbeltrieb in der Position, die Bild A.1 zeigt, wird der Rhombus mit fortschreitender Drehbewegung zunächst gestaucht, woraus resultiert, dass das obere Joch 3 gehoben wird und das untere gesenkt. Gleichzeitig wird der gesamte Rhombus angehoben, was sich am oberen Joch addiert, am unteren subtrahiert. Aus dieser Asymmetrie ergibt sich eine Phasenverschiebung von beispielsweise 90°. Der exakte Wert dieser Phasenverschiebung hängt jedoch von den geometrischen Maßen des Getriebes ab und muss nicht unbedingt gleich 90° sein.

Laut MEIJER [23] ist mit diesem Kurbeltrieb darüber hinaus ein vollständiger Ausgleich der Massenkräfte, auch schon bei Einzylindermaschinen, möglich.

A.4 Rollsockendichtung

Mit der so genannten Rollsockendichtung hat man eine Membrandichtung zum hermetischen Abschluss des Arbeitsraumes von Stirlingmaschinen entwickelt. Sie erlaubt die dauerhafte Abdichtung des im Allgemeinen unter hohem Mitteldruck stehenden Arbeitsraumes zu dem meist drucklosen Kurbelgehäuse. Darüber hinaus bleibt damit auch gewährleistet, dass der Arbeitsraum ölfrei bleibt und so die Wärmetauscher nicht verschmutzt werden.

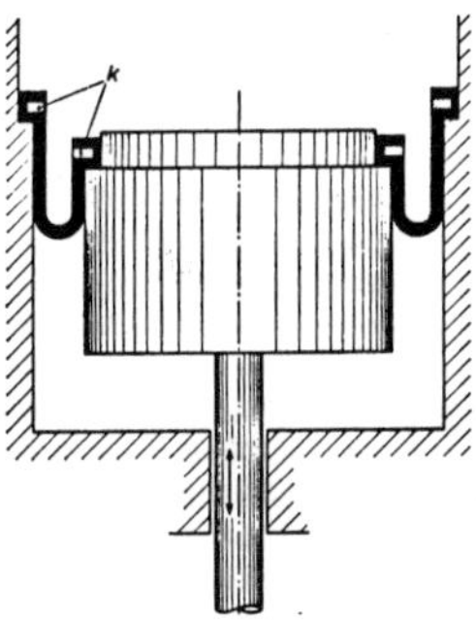

Bild A.2 Schematisierte Darstellung einer Rollsockendichtung [30]

Mit k sind Klemmringe gezeichnet, die die Membran halten.

Die Rollmembran besteht aus Polyurethan oder Viton-Gummi und ist zunächst nicht in der Lage, hohe Druckunterschiede zu tragen. Man hat deshalb auf der dem Arbeitsraum abgewandten Seite einen Raum geschaffen, der, über eine kleine Pumpe mit Drucköl beaufschlagt, die Membran stützt.

Die Lebensdauer einer solchen Membran liegt bei über 10 000 Stunden [24].

A.5 Heißluftmaschinen

Heißluftmaschinen, auch als Hot-Air-Engines bezeichnet, können als abgespeckte Stirlingmaschinen betrachtet werden. Sie besitzen im Allgemeinen keinen Regenerator und keine ausgedehnten Flächen für Wärmetauscher [27].

Der Begriff Heißluftmaschine wird in der Literatur häufig auch für „echte" Stirlingmaschinen verwendet und ist somit nicht ganz eindeutig.

Ohne Regenerator und ausgeprägte Wärmetauscher vereinfacht sich der Aufbau dieser Heißluftmaschinen gegenüber echten Stirlingmaschinen erheblich, was aber zu Lasten des Wirkungsgrades und auch der spezifischen Leistung geht, denn für eine hohe spezifische Leistung muss auch viel Wärme in bzw. aus der Maschine transportiert werden. Ist aber auch die spezifische Übertragungsleistung der Wärmetauscher aufgrund ihres simplen Aufbaus gering, werden ausgedehnte Flächen benötigt, die wiederum große Totvolumina mit sich bringen. Dies senkt die Leistung der Maschine weiter ab.

A.6 Konzentrierende und nicht konzentrierende Solarkollektoren

Die Tabelle gibt die wesentlichsten Unterschiede konzentrierender und nicht konzentrierender Systeme wieder.

	Konzentrierende Solarkollektoren	Nicht konzentrierende Solarkollektoren
Erreichbare Temperatur	Hoch	Niedrig
Können diffuse Strahlung nutzen	Nein	Ja
Sonnennachführung	Zwingend erforderlich.	Möglich, aber nicht zwingend notwendig. Nicht typisch.

Anhand einer Strahlungsbilanz soll im Folgenden erläutert werden, warum die erwähnten Typen drastisch unterschiedliche Temperaturniveaus erzielen können. Die konvektiven Wärmeaustauschprozesse sollen hier nicht berücksichtigt werden. Die Absorber, hier Receiver genannt, seien auf der jeweiligen Rückseite ideal verspiegelt, so dass dort keine Strahlungsverluste zu berücksichtigen sind. Absorptions- und Emissionsfläche sind dann gleich. Diese Einschränkung ist für die Betrachtung der Temperatur-Obergrenze sinnvoll, da Wärmeverluste auf der Rückseite des Receivers diese Temperatur senken würden und so nicht die absolute Obergrenze repräsentiert würde. Diese Temperatur-Obergrenze lässt sich rechnerisch bestimmen, wenn man davon ausgeht, dass diese Temperatur erreicht wird, wenn der Receiver in einem Strahlungsgleichgewicht ist; d. h., absorbierte und emittierte Strahlungsleistungen sind gleich.

Der Receiver wie auch die Sonnenoberfläche seien ideale schwarze Körper, was auch für die Sonne in ausreichender Näherung zulässig erscheint. Mit der Oberflächentemperatur der Sonne von 5762 K [19] und dem Stefan-Boltzmann-Gesetz kann die Energiestromdichte an der Sonnenoberfläche S_S berechnet werden.

$$S_s = \sigma \cdot T_S^4 = 5{,}67 \cdot 10^{-8} \frac{W}{m^2 K^4} \cdot [5762\,K]^4 = 62{,}5 \frac{MW}{m^2}$$

Aus dem Abstand Erde–Sonne $AE = 1{,}5\ 10^{11}$ m und dem Sonnenradius $r_s = 695\ 10^6$ m [19] lässt sich die Energiestromdichte an der Erdoberfläche S_E berechnen.

$$S_E = S_s \frac{4 \cdot \pi \cdot r_S^2}{4 \cdot \pi \cdot AE^2} = S_s \frac{r_S^2}{AE^2}$$

$$S_E = 62{,}5 \frac{MW}{m^2} \cdot \frac{\left(695 \cdot 10^6 m\right)^2}{\left(1{,}5 \cdot 10^{11} m\right)^2} = 1341 \frac{W}{m^2}$$

Der so gefundene Wert entspricht der *extraterrestrischen* Strahlungsdichte (also am Außenrand der Erdatmosphäre) und wird als Solarkonstante S_E bezeichnet.
Die Strahlungsabsorption der Atmosphäre sei im Folgenden vernachlässigt, so dass dieser Wert auch für die folgenden Berechnungen auf der Erdoberfläche herangezogen werden kann.

Ein Flachkollektor erreicht somit im Leerlauf und im Strahlungsgleichgewicht maximal am Receiver

$$\dot{Q}_s = \dot{Q}_R$$

$$\frac{4 \cdot \pi \cdot r_s^2}{4 \cdot \pi \cdot AE^2} \sigma \cdot T_S^4 \cdot A_R = A_R \cdot \sigma \cdot T_R^4$$

$$S_E = \sigma \cdot T_R^4$$

$$T_R = \left[\frac{S_E}{\sigma}\right]^{1/4}$$

$$T_R = 392 K$$

was 119 °C entspricht.
Tatsächlich erreichen reale Flachkollektoren mit Glasabdeckung etwas höhere Leerlauftemperaturen, da die Glasabdeckung die langwellige Abstrahlung verringert.

Wesentlich höhere Temperaturen kann man nur durch eine Erhöhung der Einstrahlung auf die Receiverfläche erzielen. Dies lässt sich durch fokussierende optische Einrichtungen realisieren. In der Regel sind das Spiegel.

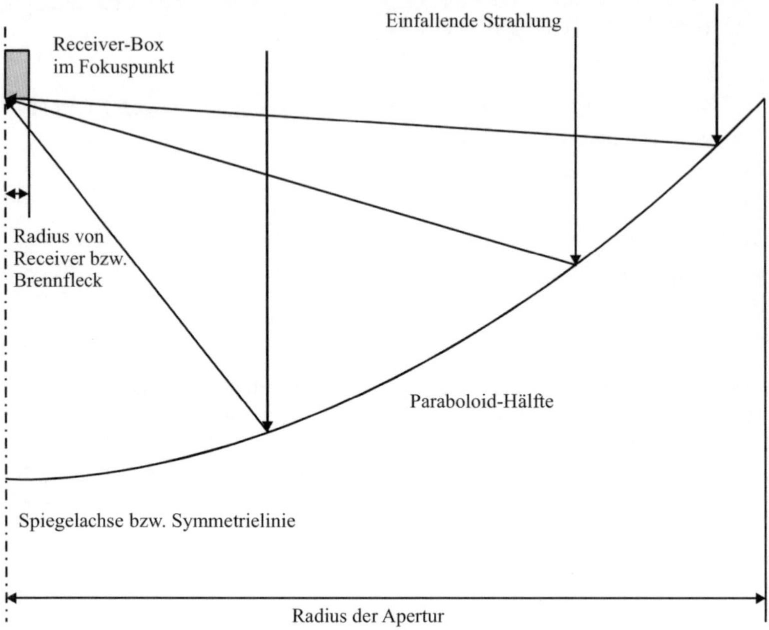

Bild A.3 Schema eines Paraboloid-Kollektors

Ein Parabolspiegel empfängt mit seiner Aperturfläche A_A (Apertur = [lat.] Öffnung) Solarstrahlung und bündelt sie auf einen Absorber mit wesentlich kleinerer Fläche.
Im Strahlungsgleichgewicht entsteht so eine weit höhere Leerlauftemperatur als beim Flachkollektor.

$$\dot{Q}_s = \dot{Q}_R$$

$$\frac{4 \cdot \pi \cdot r_s^2}{4 \cdot \pi \cdot AE^2} \cdot \sigma \cdot T_S^4 \cdot A_A = A_R \cdot \sigma \cdot T_R^4$$

$$\frac{r_s^2}{AE^2} \cdot T_S^4 \cdot A_A = A_R \cdot T_R^4$$

$$T_R^4 = T_S^4 \cdot \left(\frac{r_s}{AE} \right)^2 \cdot \frac{A_A}{A_R}$$

$$T_R = T_S \cdot \left(\frac{r_s}{AE} \right)^{1/2} \cdot \left(\frac{A_A}{A_R} \right)^{1/4}$$

Damit hängt die Leerlauftemperatur maßgeblich von dem Flächenverhältnis von Aperturfläche zur Receiverfläche ab. Dieses wichtige Verhältnis wird als Konzentrationsfaktor oder Konzentrationsverhältnis C bezeichnet.

$$C = \frac{A_A}{A_R}$$

Es mag der Eindruck entstehen, als könnte man auf diesem Weg beliebig hohe Temperaturen erzielen. Tatsächlich ist dieses Flächenverhältnis aber nach oben hin begrenzt. Diese Begrenzung ergibt sich auch aus dem zweiten Hauptsatz der Thermodynamik. Da Wärme *von alleine* stets nur vom Warmen zum Kalten hin strömt, kann die Receivertemperatur niemals die Oberflächentemperatur der Sonne überschreiten.

Setzt man die Temperaturen gleich – was dem erwähnten Grenzfall entspricht, so erhält man das maximal mögliche Konzentrationsverhältnis.

$$T_{R-\max} = T_S$$

$$\left(\frac{AE}{r_s}\right)^2 = \left(\frac{A_A}{A_R}\right)$$

$$C_{\max} = \left(\frac{AE}{r_s}\right)^2$$

Dieses maximale Konzentrationsverhältnis beträgt damit ca. 46.000.

B Anhang

B.1 Formelzeichen

A	Fläche, Querschnitt
A	Koeffizient der Schmidt-Analyse
$A_{\text{D-Masche}}$	Draht-Oberfläche einer Masche
A_{Matrix}	Oberfläche der Regeneratormatrix
A_R	Effektiver Gasdurchlassquerschnitt des Regenerators
A_{Reg}	Querschnittsfläche des gesamten Regenerators
b	Breite
B	Koeffizient der Schmidt-Analyse
c	Koeffizient der Schmidt-Analyse
c	Geschwindigkeit
$\dot{C}_{Gas}$	absoluter Wärmekapazitätsstrom des Arbeitsgases
C_{Matrix}	Absolute Wärmekapazität der Matrix
c_p	Isobare Wärmekapazität
c_v	Isochore Wärmekapazität
d	Durchmesser
D	Durchmesser
d_{D}	Drahtdurchmesser
d_{hydr}	Hydraulischer Durchmesser
FF	Füllfaktor
h	Hub
J	Massenträgheitsmoment
l	Länge
L_R	Effektive Länge des Regenerators
m	Masse
M	Drehmoment
m_C	Gasmasse im Kompressionsraum
m_D	Gasmasse im Totraum
m_E	Gasmasse im Expansionsraum
M_i	Inneres Drehmoment
n	Drehzahl
N	Anzahl der Sieblagen im Regenerator
Nu	Nußeltzahl
p	Druck
P	Leistung
p_0	Druck des Pufferraumes
p_m	Arithmetischer Mitteldruck

p_{me}	Effektiver Mitteldruck
p_{mi}	Indizierter Mitteldruck
Pr	Prandtlzahl
Q	Wärme
Q_C	Kühlerwärme
Q_E	Erhitzerwärme
R	Spezifische Gaskonstante
R	Radius
Re	Reynoldszahl
R_m	Molare oder allgemeine Gaskonstante
r_w	Arbeitsverhältnis
s	Spezifische Entropie
s	Reduzierter Totraum
S	Entropie
s_{d}	Maschenteilung, dies ist Abstand der Drahtmittellinien einer Masche
t	Zeit
t	Temperaturverhältnis
T	Absolute Temperatur
T_C	Kompressionstemperatur
T_D	Effektive Totraumtemperatur
T_E	Expansionstemperatur
T_o	Obere Temperatur
T_R	Effektive Regeneratortemperatur
T_u	Untere Temperatur
v	spezifisches Volumen
v	Hubvolumenverhältnis
V	Volumen
V_0	Hubunabhängiges Festvolumen
V_C	Kompressionsvolumen
V_D	Totvolumen
V_{D}	Drahtvolumen im Regenerator
V_{DC}	Kompressionstotvolumen
V_{DE}	Expansionstotvolumen
$V_{\mathrm{D\text{-}Masche}}$	Drahtvolumen einer Masche im Regenerator
V_E	Expansionsvolumen
V_H	Hubvolumen
V_{HC}	Kompressionshubvolumen
V_{HE}	Expansionshubvolumen
V_R	Regenerator-Gasvolumen
V_{Reg}	Gesamtes Regeneratorvolumen (Draht- und Gasvolumen)
V_T	Totales Volumen (Gesamtvolumen) $V_T = V_{HE} + V_{HC}$
W	Arbeit
W_0	Arbeit eines Kreisprozesses, die nur mit dem Schwungrad ausgetauscht wird und nicht zur indizierten Arbeit beiträgt
W_C	Kompressionsarbeit
W_e	Effektive Arbeit
W_E	Expansionsarbeit
W_{el}	Elektrische Arbeit

W_i	Innere Arbeit
W_r	Reibarbeit
X_B	$=V_B / V_{HE}$
X_D	$=V_D / V_{HE}$
z	Rechengröße: $-(p - p_0) \cdot dV$
z_d	lichte Maschenweite

α	Kurbelwinkel
α	Wärmeübergangskoeffizient
γ	Längendehnungskoeffizient
δ	Nullphasenwinkel der Druckfunktion
ε	Verdichtungsverhältnis
η	Wirkungsgrad
η_E	Triebwerkseffizienz.
η_e	Effektiver Wirkungsgrad.
η	Dynamische Viskosität
ϑ	Celsius-Temperatur
ϑ_F	Fluidtemperatur
ϑ_W	Wandtemperatur
κ	Isentropenexponent
λ	Rohrreibungszahl
λ	Wärmeleitfähigkeit
λ	Kurbelverhältnis = r / l
ν	Kinematische Viskosität
ρ	Dichte
φ	Phasenverschiebungswinkel
ω	Winkelgeschwindigkeit
ΔV	Volumenänderung

B.2 Griechisches Alphabet

α	A	Alpha
β	B	Beta
γ	X	Gamma
δ	Δ	Delta
ε	E	Epsilon
ζ	Z	Zeta
η	H	Eta
ϑ	θ	Theta
ι	I	Jota
κ	K	Kappa
λ	Λ	Lambda
μ	M	My
ν	N	Ny

ξ	Ξ	Xi
ο	Ο	Omikron
π	Π	Pi
ρ	Ρ	Rho
σ	Σ	Sigma
τ	Τ	Tau
υ	Υ	Ypsilon
φ	Φ	Phi
χ	Χ	Chi
ψ	Ψ	Psi
ω	Ω	Omega

B.3 Verwendete Messtechnik

- Messdatenerfassungssoftware Gfs DIADEM Version 7
- A/D-D/A-Umsetzer Hardware SENG
- Müller Micromanometer Typ MP6KS
- Thermoelement Typ K
- Thermoelementen-Messverstärker Phoenix Contact MCR-TE/J/K/U-E
- Präzisions-Servo-Potentiometer
- Spannungsversorgung Doppelnetzteil ELV DPS 9000

B.4 Stoffdaten

Thermodynamische Eigenschaften von Luft bei 1 bar:

ϑ [°C]	ρ [kg/m^3]	c_p [kJ/kgK]	λ [W/mK]	η [kg/m s]	ν [m^2/s]	a [m^2/s]	Pr [1]
0	1,275	1,004	0,02454	17,10 10^{-6}	13,41 10^{-6}	19,1 10^{-6}	0,70
20	1,188	1,007	0,02603	17,98 10^{-6}	15,13 10^{-6}	21,8 10^{-6}	0,70
40	1,1120	1,008	0,02749	18,81 10^{-6}	16,92 10^{-6}	24,5 10^{-6}	0,69
60	1,045	1,009	0,02894	19,73 10^{-6}	18,88 10^{-6}	27,4 10^{-6}	0,69
80	0,9859	1,010	0,03038	20,73 10^{-6}	21,02 10^{-6}	30,5 10^{-6}	0,69

[7]

Quellen- und Literaturverzeichnis

[1] Aerzener Maschinenfabrik GmbH: *Aerzener Schraubenverdichter*. Aerzen, 2000.

[2] Arbeitskreis Stirlingmotor der evangelischen Hochschulgemeinde FH München (Hrsg): *Solar Stirling Modell-Bauanleitung* (nach Kolin I). Loristr. 1/I, München: http://www.fh-muenchen.de/ehg; e-mail: stirling@rz.fh-muenchen.de, 1997.

[3] BAEHR, H. D.: *Thermodynamik*. Berlin: Springer Verlag, 2000.

[4] BAUMÜLLER, A.: *Anwendungen und Märkte für stationäre Stirlingmaschinen heute. Aufbau der Heizkraftmodule und Solarmaschinen auf Basis des SOLO Stirling 161*. Osnabrück: Europäisches Stirling Forum, 1996.

[5] BEITZ, W.; KÜTTNER, K. H. (Hrsg): *DUBBEL Taschenbuch für den Maschinenbau*. Berlin: Springer Verlag, 1995.

[6] BLANKE, W. (Hrsg): *Thermophysikalische Stoffgrößen*. Berlin: Springer Verlag, 1989.

[7] CERBE, G.; HOFFMANN, H. J.: *Einführung in die Wärmelehre*. München: Hanser-Verlag, 1994.

[8] Deutsches Zentrum für Luft- und Raumfahrt (DLR).

[9] Deutsches Zentrum für Luft- und Raumfahrt e. V.: Hintergrund-Information Nr. 29/96–Ri. http://www.kp.dlr.de/pressestelle/HI29_96.HTM

[10] GAILFUSS: Strom aus Holz. *Sonne Wind & Wärme*. 7/2001.

[11] HAMMERSCHMID, A,: OBERNBERGER, I.: *Biomasse-Kraft-Wärme-Kopplung auf Basis des ORC-Prozesses – EU-THERMIE-Projekt-Admont (A)*. Tagungsband zur VDI-Tagung Thermische Nutzung von fester Biomasse. Düsseldorf: VDI Gesellschaft Energietechnik, 2001.

[12] HARENBERG, B.: *Chronik der Technik*. Dortmund: Chronik Verlag, 1989.

[13] HARGREAVES, C. M.: *The Philips Stirling Engine*. Amsterdam: Elsevier, 1991.

[14] HAUSEN, H.: *Wärmeübertragung im Gegenstrom, Gleichstrom und Kreuzstrom*. Berlin: Springer-Verlag, 1976.

[15] HIRATA KOICHI: *Schmidt Theory for Stirling Engines*. Tokyo: http://www.bekkoame.ne.jp, 2001.

[16] HUPPMANN, G.; WEICHSELGARTNER, J.; SCHMIDT, G.; DURÉ; ÖCHSLEIN, W.; RAASCH, E.: *Abwärmenutzung in der Industrie unter Verwendung des organischen Rankine-Kreisprozesses (ORC)*. Forschungsbericht TZ85-110 BMFT-FB-T85-110. München, 1985.

[17] KALIDE, W.: *Einführung in die technische Strömungslehre*. München: Carl Hanser Verlag, 1990.

[18] KECK, T.; SCHIEL. W.: Dish-Stirling-Anlagen zur dezentralen solaren Stromerzeugung. *BWK Bd. 53 (2001)* Nr. 12.

[19] KLEEMANN, M.; MELIß, M.: *Regenerative Energiequellen*. Berlin: Springer Verlag, 1988.

[20] KNISSEL, M.: Solarstrom aus der Wüste. *BWK Bd. 54 (2002)* Nr. 12

[21] KRAUCH, H.; KÖCHER, W.; EPPERT, V.; FEULNER, P.; GEIERSBACH, F.; MAURER, T.; SCHUMANN, C.: *Kraft-Wärme-Kopplung mit Stirlingmaschine*. Forschungsbericht Universität Gesamthochschule Kassel, 1994.

[22] LADENER, H.; SPÄTE, F.: *Solaranlagen*. Staufen bei Freiburg: Ökobuch Verlag, 1999.
[23] MEIJER, R. J.: Der Philips Heißgasmotor mit Rhombengetriebe. *Philips' Technische Rundschau*, 20. Jahrgang, 1958/59, Nr. 10.
[24] MEIJER, R. J.: Der Philips Stirlingmotor. *Motortechnische Zeitschrift*, 29. Jahrgang, 1968, Nr. 7.
[25] MIYABE, H., TAKAHASHI, S., HAMAGUCHI, K.: *An Approach To The Design Of Stirling Engine Regenerator Matrix Using Packs Of Wire Gauzes*. Department of Mechanical Engineering Meiji University. Higashimata Tama-ku Kawasaki-shi, Japan.
[26] MOHR, M.; SVOBODA; P.; UNGER, H.: *Praxis solarthermischer Kraftwerke*. Berlin: Springer-Verlag, 1999.
[27] ORGAN, A. J.: *Thermodynamics And Gas Dynamics Of The Stirling Cycle Machine*. Cambridge University Press, 1992.
[28] OSTWALD (Hrsg.): *Betrachtungen über die bewegende Kraft des Feuers*. Thun und Frankfurt am Main: Verlag Harri Deutsch, 1995.
[29] QUASCHNING, V.: http://www.volker-quaschning.de/fotos/psa/index2_e.html, 2001.
[30] RIETIJK, J. A.; VAN BEUKERING, H. C. J.; VAN DER AA, H. H. M.; MEIJER, R. J.: Eine hermetische Stangen- und Kolbenabdichtung für große Druckunterschiede. *Philips' Technische Rundschau,* 26. Jahrgang, 1965, Nr. 12.
[31] SCHIEL, W.: *Übersicht über die Solare Dish-Stirling Entwicklung*. Osnabrück: Europäisches Stirling Forum, 1996.
[32] SENFT, J. R.: *An Introduction To Low Temperature Differential Stirling Engines*. River Falls: Moriya Press, 2000.
[33] SENFT, J. R.: *Mechanical Efficiency Of Stirling Engines – General Mathematical Considerations*. Proc. 20th Intersociety Energy Conversion Engineering Conference, Paper 859436. Miami: Society of automotive engineers, 1985.
[34] SENFT, J. R.: *The optimum Stirling engine geometrie problem revisited*. 10th International Stirling Engine Conference. University of Osnabrück, Germany, 2001.
[35] SITTAUER, H. L.: *James Watt*. Leipzig: Teubner Verlag, 1989.
[36] SITTAUER, H. L.: *Nicolaus August Otto – Rudolf Diesel*. Leipzig: Teubner, 1990.
[37] Solo Stirling GmbH, Sindelfingen. http://www.stirling-engine.de, 2001.
[38] Solo: *Art of Technologie* – Info-CD-ROM 990416102. Solo Stirling GmbH, Sindelfingen.
[39] Spilling GmbH. Hamburg: http://www.spilling.de, 2001.
[40] STEIMLE, F. (Hrsg): *Stirlingmaschinentechnik*. Heidelberg: C. F. Müller, 1996.
[41] URIELI, I.; BERCHOWITZ, D. M.: *Stirling Cycle Engine Analysis*. Bristol: Adam Hilger Ltd., 1984.
[42] VIEBACH, D.: Der ST 05 G-G. *7. Ringinformation*. Kolbermoor: http://www.geocities.com/viebachstirling, 2001.
[43] VIEBACH, D.: *Der Stirlingmotor einfach erklärt und leicht gebaut*. Staufen bei Freiburg: Ökobuch Verlag, 1999.
[44] WALKER, G.: *Stirling Engines*. Oxford: Clarendon Press, 1980.
[45] Weber Solartechnik. Am Laufer Schlagturm 6, Nürnberg: http://www.sunmachine.de, 2001.
[46] WERDICH; KÜBLER: *Stirling-Maschinen*. Staufen bei Freiburg: Ökobuch Verlag, 1999.
[47] ZACHARIAS, F.: Weiterentwicklungen am Stirlingmotor – Teil 1. *Motortechnische Zeitschrift,* 38. Jahrgang, 1977, Nr. 9.

Stichwortverzeichnis